北京市高等教育精品教材

高职高专计算机应用专业规划教材

企业信息化岗位技能培训系列教材

计算机应用基础实例教程

（第3版）

吴　霞　主　编

关　忠　赵立群　副主编

冀俊杰　主　审

U0311631

电子工业出版社·

Publishing House of Electronics Industry

北京·BEIJING

内 容 简 介

本书采用"任务驱动、案例教学"的方法,主要介绍操作系统 Windows 7、文字处理软件 Word 2010、电子表格 Excel 2010、演示软件 PowerPoint 2010、网络基础与 Internet 的应用,以及常用工具软件等微型计算机基础知识,通过指导学生实训,加强实践,达到学以致用、强化技能培养的目的。

本书自出版以来,因写作质量高,多次重印,被评为"2011 年北京市高等教育精品教材"。此次再版,作者审慎地对原教材做了认真修订,进行了知识更新和软件更新,增加了计算机应用技能与技巧等新知识,补充了操作实训,更加突出动脑动手训练。

本书既适用于高职高专及其他各类院校各专业计算机应用基础课程的教学,也适用于广大企事业单位从业人员的职业教育和在职培训,对于社会自学者来说也是一本有益的读物。

图书在版编目(CIP)数据

计算机应用基础实例教程/吴霞主编 . —3 版 . —北京:电子工业出版社,2013.7

高职高专计算机应用专业规划教材/企业信息化岗位技能培训系列教材

ISBN 978-7-121-20726-6

Ⅰ.①计… Ⅱ.①吴… Ⅲ.①电子计算机-高等职业教育-教材 Ⅳ.①TP3

中国版本图书馆 CIP 数据核字(2013)第 133067 号

策划编辑:束传政
责任编辑:贺志洪
特约编辑:徐 堃 薛 阳
印 刷:北京京师印务有限公司
装 订:北京京师印务有限公司
出版发行:电子工业出版社
　　　　　北京市海淀区万寿路 173 信箱　邮编 100036
开 本:787×1092　1/16　印张:18.75　字数:477 千字
印 次:2013 年 7 月第 1 次印刷
印 数:4000 册　定价:37.00 元

凡所购买电子工业出版社图书有缺损问题,请向购买书店调换。若书店售缺,请与本社发行部联系,联系及邮购电话:(010) 88254888。

质量投诉请发邮件至 zlts@phei.com.cn,盗版侵权举报请发邮件至 dbqq@phei.com.cn。

服务热线:(010) 88258888。

编 委 会

序　言

　　微电子技术、计算机技术、网络技术、通信技术、多媒体技术等高新科技日新月异的飞速发展和普及应用，不仅有力地促进了世界各国经济的发展，加速了全球经济一体化的进程，而且使当今世界迅速跨入到信息社会；以计算机为主导的计算机文化，正在深刻地影响着人类社会的经济发展与文明建设；以网络为基础的网络经济，也在全面地改变着人们传统的生活方式、工作方式和商务模式。

　　随着我国改革开放进程的加快，随着我国加入WTO，随着我国市场经济体制不断完善与发展，中国经济正在迅速融入世界经济，中国市场国际化的特征越来越明显。中国经济发展快，并保持着持续、高速增长的态势，进入到一个最为活跃的发展时期，这一切都离不开高新科技的支持，都需要计算机、网络、通信、多媒体等现代化技术手段的支撑；同时，这也是信息技术广泛应用的丰硕成果。为此，国家出台了一系列关于加强计算机应用和推动国民经济信息化进程的文件及规定，启动了电子商务、电子政务、金税等富有深刻意义的重大工程，加速推进金融信息化、财税信息化、企业信息化和教育信息化，全社会掀起了新一轮的计算机学习与应用的热潮。

　　处于网络时代、信息化社会，今天人们的所有工作都已经计算机化、网络化。随着国民经济信息化进程的加快，更需要强调计算机应用与行业、与企业的结合，更要注重计算机应用与本职工作、与具体业务的结合。计算机应用与工作结合的深度和广度已成为评测和考察一个人能否就业上岗、是否胜任本职工作的重要条件。目前，我国正处于改革与发展的关键时期，面对激烈的市场竞争，面临就业上岗的巨大压力，无论是即将毕业的学生，还是下岗、转岗人员，努力学习计算机，真正熟练操作计算机，对于今后的发展都具有特殊意义。

　　针对我国高职教育"计算机应用"等信息技术应用专业知识老化、教材陈旧、重理论轻实践、缺乏实际操作技能训练等问题，为了适应我国国民经济信息化发展对计算机应用人才的需要，为了全面贯彻国家教育部关于"加强职业教育"的精神和"强化实践实训、突出技能培养"的要求，根据企业用人与就业岗位的实际需要，结合高职高专院校"计算机应用"和"网络安全"等专业的教学计划及课程设置与调整的实际情况，我们组织北京联合大学、北方工业大学、北京财贸职业学院、首钢工学院、北方工业技术学院、北京石景山社区学院、北京城市学院、北京西城经济科学大学、北京朝阳社区学院、北京宣武社区学院、黑龙江工商大学等全国 30 多所高校及高职院校中多年在一线从事计算机教学的主讲教师和具有丰富实践经验的企业人士共同撰写了这套教材。

本套教材包括《计算机应用基础实例教程》（第3版）、《计算机组装与维护实训教程》、《多媒体技术应用实例教程》、《Java 程序设计案例教程》、《SQL Server 2008 数据库应用案例教程》、《管理信息系统教程》等十几本书。在编写过程中，全体作者注意自觉地以科学发展观为统领，严守统一的创新型格式化设计，采取任务制或项目制写法；注重校企结合、贴近行业企业岗位实际，注重实用性技术与能力的训练培养，注重实践技能应用与工作背景紧密结合，同时注重计算机、网络、通信、多媒体等现代化信息技术的新发展，使本套教材具有集成性、系统性、针对性、实用性等特点，形式新颖，易于实施教学。

本套教材不仅适用于高职高专"计算机应用"和"网络安全"等专业及经济管理、税务、财会、金融类各专业学生的学历教育，也可作为广大工商流通企事业单位从业人员的职业教育和在职培训教材；对于社会自学者来说也是一本有益的读物。

系列教材编委会

2010 年 6 月

再 版 前 言

计算机、网络、通信技术的发展日新月异。计算机带给我们的已不仅仅是一门科学、一种工具、一项技能，而是作为一种现代化意识、一类新型计算机文化，正在日益强烈地冲击着传统观念和社会经济，深刻地改变着我们的智力结构、产业结构和社会生活，全面地影响着人类社会的文明程度和发展进步。

在当今社会，计算机的应用水平以及信息化发展的速度与程度，已经成为衡量一个国家经济发展和竞争力的重要指标。随着信息技术迅猛发展，计算机应用和计算机文化渗透到人类生活的各个方面，迅速改变了人们的工作、学习和生活方式。随着我国国民经济信息化进程的加快，各行各业不仅掀起了学习和应用计算机的热潮，而且更加强调计算机应用与行业企业相结合、计算机应用与本职工作相结合。计算机应用与具体业务结合的深度和广度，已成为评测和考察一个人是否胜任本职工作的重要条件。

目前我国正处于改革与发展的关键时期，面对激烈的市场竞争，面临就业上岗的巨大压力，无论是即将毕业的学生，还是下岗、转岗人员，努力学习计算机，真正熟练操作计算机，对于今后的发展都具有特殊意义。

本书自出版以来，因写作质量高而深受全国各类高校广大师生的欢迎，目前已多次重印，被评为"2011年北京市高等教育精品教材"。此次再版，作者严格按照教育部关于"加强职业教育、突出实践技能培养"的要求，根据高职高专教学改革的需要，结合读者对本教材提出的意见和建议，审慎地对原教材进行了反复推敲和认真完善、修订，在保留原书特点和基本结构的基础上，进行了知识更新、软件更新，增加了计算机应用技能技巧等新知识，补充了操作实训，更加突出动脑动手训练，旨在更好地为计算机应用教学实践服务。

"任务驱动、案例教学"是本书编写的出发点，全书共分7章，以学习者应用能力培养与提高为主线，依照计算机学习、使用的基本过程和规律，以任务剖析方式，结合知识要点循序渐进地进行讲解。内容包括计算机基础知识、Windows 7操作系统、文字处理软件Word 2010、电子表格Excel 2010、演示软件PowerPoint 2010、网络基础与Internet的应用，以及常用工具软件基本知识，并通过指导学生实训，加强实践，以达到学以致用、强化技能培养的目的。

本书作为高等职业教育计算机应用教学的特色教材，注重基础知识，以及实践能力和操作技能的培养与提高，并具有知识系统、内容翔实、案例丰富、语言简洁、突出实用性、适用范围宽泛及便于学习掌握等特点，采取新颖、活泼、统一的版面风格设计。为配合本书的使用，我们特提供了配套的电子课件和相应的素材文件，读者可以从电子工业出版社网站（www. phei. com. cn）免费下载。

本书由李大军进行总体方案策划并具体组织，吴霞主编并统改稿，关忠和赵立群为副主编，由我国信息化专家冀俊杰教授审定。作者编写分工：牟惟仲（序言），潘武敏（第1章），吴霞（第2章、第3章），赵立群、宋铁真（第4章），车亚军、王谨（第5章），关忠、马涛（第6章），汤翰轩（第7章）；李春艳、马瑞奇（协助查找整理资料、处理图片），华燕萍（文字修改和版式调整），李晓新（制作教学课件）。

本书在改写过程中得到了有关计算机教育专家、教授的指导，在此一并致谢。由于作者水平所限，书中难免存在疏漏和不足，恳请同行和广大读者批评指正。

编　者

2012 年 12 月

目　录

第 1 章　计算机基础知识

> **目标**：掌握计算机的发展史、计算机系统构成、工作原理及基本的软硬件知识。
>
> **重点**：计算机系统的基本结构及工作原理；计算机各部位的连接；信息的表示、存储；微型计算机的性能指标和计算机软硬件系统。

1.1　计算机概论

计算机最早应用于计算，并因此而得名。现代社会的飞速发展使电子计算机更广泛地应用于信息处理、自动控制、辅助设计、辅助制造、辅助教学、人工智能和现代通信等领域。

计算机是一种能按照人们事先编写的程序连续、自动地工作，能对输入的数据信息进行加工、存储、传送，由电子和机械部件组成的电子设备。

1.1.1　计算机的发展

1. 第一代计算机

世界上第一台电子数字式计算机于 1946 年 2 月 15 日在美国宾夕法尼亚大学正式投入运行，它的名字叫 ENIAC（埃尼阿克），是电子数值积分计算机（The Electronic Numerical Integrator and Computer）的缩写。虽然它的功能还比不上今天最普通的一台微型计算机，但在当时，它是运算速度的绝对冠军，其运算的精确度和准确度也是史无前例的。这段时期被人们称为"电子管计算机时代"。

2. 第二代计算机

从 1960 年到 1964 年，由于在计算机中采用了比电子管更先进的晶体管，所以第一台晶体管计算机被制造出来。这段时期称为"晶体管计算机时代"。

晶体管比电子管小得多，不需要暖机时间，消耗能量较少，处理更迅速、更可靠。第二代计算机的程序语言从机器语言发展到汇编语言。接着，高级语言 FORTRAN 语言和 COBOL 语言相继开发出来并被广泛使用。这时，开始使用磁盘和磁带等辅助存储器。

3. 第三代计算机

从 1965 年到 1970 年，集成电路被应用到计算机中来，因此这段时期被称为"中小规模集成电路计算机时代"。

第三代计算机的特点是体积更小、价格更低、可靠性更高、计算速度更快。第三代计算机的代表是 IBM 公司花了 50 亿美元开发的 IBM 360 系列。其主存仍采用磁芯，出现了分时操作系统及会话式语言等多种高级语言，而且实现了多道程序（内存中同时可以有多个程序），即当其中一个等待输入/输出时，另一个可以进行计算。

4. 第四代计算机

1971 年年末，世界上第一台微处理器和微型计算机在美国旧金山南部的硅谷应运而生，它开创了微型计算机的新时代。

1975 年，美国 IBM 公司推出了个人计算机 PC（Personal Computer）。从此，人们对计算机不再陌生，个人计算机时代开始了。

5. 第五代计算机（微型计算机阶段）

微型计算机（Microcomputer）简称微机或 PC，是对大型主机进行的第二次"缩小化"。它的一个突出特点是将运算器和控制器制作在一块集成电路芯片上，一般称为微处理器。

微型计算机具有体积小、重量轻、功耗小、可靠性高、对使用环境要求不严格、价格低廉、易于成批生产等特点，从最初的 286、386、486、586 到 Pentium、Pentium Ⅱ、Pentium Ⅲ，到当前流行的 Intel 酷睿（Core）和 AMD 羿龙（Phenom）等都属于微型计算机。

6. 计算机网络阶段

随着微型计算机的发展，20 世纪 70 年代出现了在局部范围内把计算机连在一起的趋势，这个连起来的网络称为局域网。20 世纪 90 年代后，Internet 迅猛扩展。

计算机互联网的概念很简单，就是把不同的信息，用更自然、更直接的方式连接起来。时至今日，Internet 已经成为人们日常生活中不可缺少的一部分。网络不仅仅是某种令人震撼的技术成果，它已经演变成人们进行创造和文化交流的广阔舞台，成为 20 世纪最伟大的技术和文化变革。

1.1.2　计算机的特点

计算机是一种能存储程序，能自动、连续地对各种数字化信息进行算术、逻辑运算的电子设备。基于数字化的信息表示方式与存储程序工作方式，计算机具有许多突出的特点。

1. 运算速度快

计算机的运算速度非常快，每秒钟可以处理几百万条指令。现在利用计算机的快速运算能力，10 多分钟就能做出一个地区的气象、水情预报。例如，大地测量的高阶线性代数方程的求解，导弹发射后运行参数的计算，情报、人口普查等超大量数据的检索处理等。

2. 计算精度高

在计算机内部采用二进制数字进行运算，表示二进制数值的位数越多，精度就越高。普通微型计算机的计算精度已达到 64 位二进制数，因此，可以用增加表示数字的设备和运用计算技巧的方法，使数值计算的精度越来越高。

3. 记忆能力强

计算机可以存储大量的数据、资料，这是人脑所无法比拟的。在计算机中，存储器的容量可以做得非常大，既能记忆大量的数据信息，又能记忆处理、加工这些数据信息的程序，而且可以长期保留，还能根据需要随时存取、删除和修改其中的数据。

4. 具有逻辑判断能力

计算机具有逻辑判断能力，可以根据判断结果，自动决定以后执行的命令。计算机还具有执行某些与人的智能活动有关的复杂功能，模拟人类的某些智力活动，如图形和声音的识别，推理和学习的过程。

5. 具有自动执行程序的能力

计算机是一个自动化程度极高的电子装置，在工作过程中不需人工干预，能自动执行存放在存储器中的程序。计算机适合去完成那些枯燥乏味、令人厌烦的重复性劳动，也适合控制以及深入到人类难以胜任的、有毒的、有害的作业场所。

6. 使互联网进入千家万户

真正使互联网进入千家万户、变成主流的是 20 世纪 90 年代 Web 的发明，其最重要的特点就是网络把通信技术和计算机有机地融合起来，使人们跨越了时间和空间的局限，把同步世界与异步的世界沟通起来了。

1.1.3 计算机的应用

计算机的应用领域非常广泛，几乎渗透到所有领域，主要有以下几个方面。

1. 商业应用

用计算机对数据及时地加以记录、整理和运算，加工成人们所要求的形式，称为数据处理。数据处理系统具有输入/输出数据量大而计算简单的特点。在商业数据处理领域，计算机广泛应用于财会统计与经营管理中。

（1）电子银行

"自助银行"是 20 世纪产生的电子银行的代表，完全由计算机控制的"银行自助营业所"可以为用户提供 24 小时的不间断服务。

根据中国银行业监督管理委员会的《电子银行业务管理办法》，电子银行业务是商业银行等银行业金融机构，利用面向社会公众开放的通信通道或开放型公众网络，以及银行为特定自助服务设施或客户建立的专用网络，向客户提供的离柜金融服务。电子银行业务主要包括利用计算机和互联网开展的网上银行业务，利用电话等声讯设备和电信网络开展的电话银行业务，利用移动电话和无线网络开展的手机银行业务，以及其他利用电子服务设备和网络，由客户通过自助服务方式完成金融交易的业务，如自助终端、ATM、POS 等。

（2）电子交易

所谓"电子交易"，是指通过计算机和网络进行商务活动。电子交易是在 Internet 的广泛联系与传统信息技术系统的丰富资源相结合的背景下应运而生的一种网上相互关联的动态商务活动，是在 Internet 上展开的。

（3）数据处理

计算机能对各种各样的数据进行处理，如分类、查询、统计、分析、文字处理等。

2. 工业应用

在现代化工厂里，计算机普遍用于生产过程的自动控制。

（1）过程控制

用于生产过程自动控制的计算机，一般都是实时控制的。它要求有很快的反应速度和很高的可靠性，以提高产量和质量，提高生产率，改善劳动条件，节约原料消耗，降低成本，达到过程的最优控制。

（2）系统开发

随着网络建设日趋完善，以此基础开发和使用的营销系统、财务系统、供应系统等各套程序软件的运行逐步正常，以计算机网络为平台的信息管理基本实现。

（3）CAD/CAM

计算机辅助设计/计算机辅助制造（CAD/CAM）是借助计算机进行设计的一项实用技术。实现自动化或半自动化，不仅可以大大缩短设计周期，加速产品的更新换代，降低生产成本，节省人力、物力，而且对保证产品质量有重要作用。

3．企业管理

现代计算机更加广泛地应用于企业管理。现代化企业充分利用计算机强大的存储能力和计算能力，对生产要素的大量信息进行加工和处理，形成了基于计算机的现代化企业管理的概念。

很多企业在物资仓储管理、生产统计、财务管理等方面都已经使用计算机管理系统，这样能最大限度地利用先进的技术手段完成各项系统的开发和建设。管理系统中用户基本资料可一次性建立，便于规范控制、物料控制，并加强了各个部门之间的联系和整体化管理。另外，对提高计划的可行性，实现均衡生产，提高库存管理的服务水平，具有推动作用；还可以最大限度地降低库存量，以减少库存的资金积压。

4．教育应用

计算机在教育领域的应用非常广泛，如远程教育、模拟教学、多媒体教学、数字图书馆、教育周边服务等。

5．人工智能

人工智能是计算机应用研究的前沿学科。近年来，人工智能的研究走向实用化，使计算机能够模拟人类的感知、推理、学习和理解等某些智能行为。

6．生活领域应用

在生活中，计算机可以应用在数字社区、信息服务、网上学术交流、网上文献检索等各个方面。

1.1.4 多媒体技术

1．多媒体技术的产生

随着Internet的迅猛发展，人们已经不满足于在网络上传输简单的文本、图像信息，更加丰富的多媒体信息，特别是连续的媒体内容（视频和音频）传输在互联网上普及。通过网络传输连续媒体数据（流媒体），为人们呈现出一个极具吸引力的信息交流场景。

小贴士

多媒体还具有通过与社会增值网连接构成方便使用的声像图书馆的功能，这使得人们足不出户就可以阅读和欣赏到各种图、声、文并茂的多媒体信息，为人们的生活和娱乐提供方便。

2. 多媒体软件

多媒体计算机的软件有多媒体压缩/解压缩软件、多媒体声像同步软件、多媒体通信软件等。特别需要指出的是，多媒体系统在不同领域中的应用需要有多种开发工具，而多媒体开发和创作工具为多媒体系统提供了方便、直观的创作途径。很多多媒体开发软件包提供了图形、色彩板、声音、动画、图像及各种媒体文件的转换与编辑手段。

3. 多媒体的特点

（1）形象、直观

利用多媒体强大的图形、动画、三维立体功能，可以展现普通教学手段无法演示的宏观和微观世界。对于一些在普通条件下无法实现和无法观察到的内容，通过计算机屏幕能生动而形象地呈现出来。对在教学中难以理解的内容，可以反复播放，提高教学效果。

（2）交互性强

多媒体隐含了互动的功能。利用多媒体的交互性，人和计算机可进行信息交流，完成人机对话，而且非常易于操作，人们能够利用多种感知手段获取知识。

（3）多媒体课件共享

网络是多媒体课件共享的最佳方式。教师只要将课件发布，全世界的学习者都能及时访问到多媒体资源。目前，在全世界已经有很多免费的多媒体课件网址可供选用。

（4）信息的实时传播

对于国内外的大事要闻、重大的体育比赛及演出，人们都可以足不出户地看到实时转播。

（5）优秀的技术资源

目前，基于网络的各种技术，如 CGI、ASP. NET、PHP4、XHTML、XML、VRML、FLASH、Shock Wave、Go Live 等，都非常适合制作多媒体信息，比传统的利用 Authorware 和 Director 等多媒体工具制作的多媒体课件更具开放性、通用性、交互性和易用性。

小贴士

多媒体领域真正的前进方向，是能使人们随心所欲地从一种媒体转换到另一种媒体；像建筑学一样，在各种领域之间架起桥梁，包括文字媒体、声音媒体（包括音乐、语音）、图像媒体（包括图形、图像、动画、视频），它们之间可以进行完善的转换和融合。

1.1.5　计算机中信息的表示及存储

1. 计算机内的二进制数

计算机所表示和使用的数据分为两大类，即数值数据和非数值数据。数值数据用来表示量的大小、正负，如整数、小数等。非数值数据用来表示一些字符、图形、色彩、声音等。计算机中的数据都是用二进制编码表示的。

2. 数据的存储单位

（1）位（bit）

位是最小的信息单位，用 0 或 1 表示一个二进制位。位记为 bit 或 b。

（2）字节（Byte）

字节记为 Byte 或 B，是数据存储中最常用的基本单位。1 个字节由 8 个二进制位
（b）组成。计算机的存储容量就是指此计算机存储器所能存储的总字节数。

计算机的存储器（包括内存与外存）通常都是以字节（B）作为容量的单位。

小贴士

计算机存储器的常用容量单位：

➢ K 字节：1KB＝1024B
➢ M 字节：1MB＝1024KB
➢ G 字节：1GB＝1024MB
➢ T 字节：1TB＝1024GB

（3）字（Word）

计算机处理数据时，一次可以运算的数据长度称为一个"字"。

（4）字长

一个字中所包含的二进制数的位数称为字长。字长与计算机的类型、档次等有关。
例如，IBM PC 为 16 位微型计算机，其字长为 16 位；Pentium 是 32 位计算机，其字长
为 32 位。

3. 常见的信息编码

（1）ASCII 码

由于计算机只能直接接收、存储和处理二进制数，对于数值信息，可以采用二进
制数码表示；对于非数值信息，可以采用二进制代码编码表示。

小贴士

编码是指用少量基本符号根据一定规则组合起来，以表示大量复杂、多样的信息。

一般来说，需要用二进制代码表示哪些文字、符号，取决于用户要求计算机能够
"识别"哪些文字、符号。为了能将文字、符号也存储在计算机里，必须将其按照规定
的编码转换成二进制代码。

目前，计算机中一般都采用国际标准化组织规定的 ASCII 码（美国标准信息交
换码）来表示英文字母和符号。ASCII 码有 7 位版本和 8 位版本两种，国际上通用的
是 7 位版本。7 位版本的 ASCII 码有 128 个元素，只需用 7 个二进制位（$2^7＝128$）
表示。

8 位 ASCII 码也称为扩充 ASCII 码，可以表示 256 种不同的字符，分为基本部分
和扩充部分。目前，多数国家将 ASCII 码的扩充部分规定为自己国家语言的字符代码，

中国把扩充 ASCII 码作为汉字的机内码。

（2）汉字编码

对于英文，大、小写字母总计只有 52 个，加上数字、标点符号和其他常用符号，128 个编码基本够用，所以 ASCII 码基本上满足了英语信息处理的需要。我国使用的汉字不是拼音文字，而是象形文字，由于常用的汉字有 6000 多个，因此使用 7 位二进制编码是不够的，必须使用更多的二进制位。

小贴士

我国国家标准局于 2000 年 3 月颁布的国家标准 GB/T 8030—2000《信息技术和信息交换用汉字编码字符集·基本集的扩充》收录了 2.7 万多个汉字。它彻底解决了邮政、户籍、金融、地理信息系统等迫切需要的人名、地名所用汉字，也为汉字研究、古籍整理等领域提供了统一的信息平台基础。

（3）多媒体信息编码

对于文字，可以使用二进制代码编码；对于图形、图像和声音，也可以使用二进制代码编码。例如，一幅图像是由像素阵列构成的，每个像素点的颜色值可以用二进制代码表示：二进制的 1 位可以表示黑、白两色，2 位可以表示 4 种颜色，24 位可以表示真色彩（即 $2^{24} \approx 1600$ 万种颜色）。

声音信号是一种连续变化的波形，可以将它分割成离散的数字信号，将其幅值划分为 $2^8 = 256$ 个等级值或 $2^{16} = 65536$ 个等级值来表示。

1.2 计算机系统的基本结构及工作原理

整个计算机系统由硬件系统和软件系统两大部分组成。

1.2.1 硬件系统

计算机硬件系统是指计算机系统中由电子、机械、磁性和光电元件组成的各种计算机部件和设备。虽然目前计算机的种类很多，但从功能上划分为五大基本组成部分，即运算器、控制器、存储器、输入设备和输出设备，如图 1-1 所示。

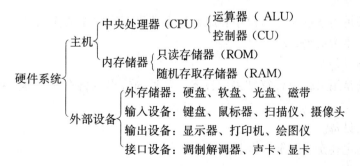

图 1-1 硬件系统示意图

1. 主机

（1）中央处理器（CPU）

CPU 英文名叫 Central Processing Unit，它是主机的心脏，也是负责运算和控制的中心。计算机的运转是在它的指挥、控制下实现的，它是整个计算机的核心，相当于人的大脑一样。CPU 包括运算器和控制器。

① 运算器（ALU）：运算器是对信息进行加工、运算的部件，它的速度几乎决定了计算机的计算速度。运算器的主要功能是对二进制编码进行算术运算（加、减、乘、除）和逻辑运算。

② 控制器（CU）：控制器是整个计算机系统的控制中心，它指挥计算机各部分协调地工作，保证计算机按照预先规定的目标和步骤有条不紊地进行操作及处理。

控制器从内存中逐条取出指令，分析每条指令规定的是什么操作（操作码），以及进行该操作的数据在存储器中的位置（地址码）。然后，根据分析结果，向计算机的其他部分发出控制信号。

（2）内存储器

内存储器分为两类：一类是随机存取存储器（RAM），其特点是存储器中的信息能读能写，RAM 中的信息在关机后立即消失。因此，用户在退出计算机系统前，应把当前内存中产生的有用数据转存到可永久性保存数据的外存中去，以便再次使用。RAM 又可称为读写存储器。

另一类是只读存储器（ROM），其特点是用户在使用时只能进行读操作，不能进行写操作。存储单元中的信息由 ROM 制造厂在生产时或用户根据需要一次性写入。ROM 中的信息在关机后不会消失。

2. 外部设备

（1）外存储器

外存是存放程序和数据的"仓库"，可以长时间地保存大量信息。外存与内存相比，容量要大得多。例如，当前微机的外存（硬盘）配置可为几百吉字节（GB）数量级。但外存的访问速度远比内存要慢，所以计算机的硬件设计都是规定 CPU 只从内存中取出指令执行，并对内存中的数据进行处理，以确保指令的执行速度。当需要时，系统将外存中的程序或数据成批地传送到内存，或将内存中的数据成批地传送到外存。

（2）输入设备

输入设备是用来输入计算程序和原始数据的设备。常见的输入设备有键盘、扫描仪、鼠标器、摄像头等。

（3）输出设备

输出设备是用来输出计算结果的设备。常见的输出设备有显示器、打印机、数字绘图仪等。

（4）接口设备

接口设备主要是指网卡、声卡、显卡等。

1.2.2　软件系统

软件是计算机系统的重要组成部分。相对于计算机硬件而言，软件是计算机的无形部分，但它的作用很大。所谓软件，就是安装或存储在计算机中的程序，有时这些软件也存储在外存储器上，如光盘或软盘上。常用的软件有 Windows XP、Office 办公软件、金山词霸、超级解霸等。

小贴士

　　软件是指能指挥计算机工作的程序与程序运行时所需要的数据，以及与这些程序和数据有关的文字说明和图表资料。其中，文字说明和图表资料又称为文档。

　　计算机的软件系统可以分为系统软件和应用软件两大类，如图 1-2 所示。

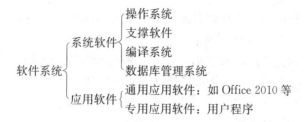

图 1-2　计算机软件系统

小贴士

　　软件系统是为了方便用户使用计算机和充分发挥计算机的效率，以及用于解决各类具体应用问题的各种程序的总称。

　　1．系统软件

　　系统软件是为提高计算机效率和方便用户使用计算机而设计的各种软件，一般由计算机厂家或专业软件公司研制。系统软件又分为操作系统、支撑软件、编译系统和数据库管理系统等。

　　（1）操作系统

　　操作系统是为了合理、方便地利用计算机系统，而对其硬件资源和软件资源进行管理和控制的软件。操作系统具有处理机管理（进程管理）、存储管理、设备管理、文件管理和作业管理等五大管理功能，由它来负责对计算机的全部软、硬件资源进行分配、控制、调度和回收，合理地组织计算机的工作流程，使计算机系统能够协调一致、高效率地完成处理任务。

小贴士

　　操作系统是计算机的最基本的系统软件。对计算机的所有操作，都要在操作系统的支持下才能进行。目前常用的操作系统有 Windows、UNIX、Linux 等。

（2）支撑软件

支撑软件是支持其他软件的编制和维护的软件，是为了对计算机系统进行测试、诊断和排除故障，进行文件的编辑、传送、装配、显示、调试，以及进行计算机病毒检测、防治等的程序；是软件开发过程中进行管理和实施而使用的软件工具。在软件开发的各个阶段选用合适的软件工具，可以大大提高工作效率。

（3）编译系统

要使计算机能够按照人的意图去工作，必须使计算机能接收人向它发出的各种命令和信息，这就需要有用来进行人和计算机交换信息的"语言"。计算机语言的发展有机器语言、汇编语言和高级程序设计语言三个阶段。

（4）数据库管理系统

数据库是以一定组织方式存储起来的且具有相关性数据的集合。其数据的冗余度小，而且独立于任何应用程序而存在，可以为多种不同的应用程序共享。也就是说，数据库的数据是结构化了的，对数据库输入、输出及修改均可按一种公用的可控制的方式进行，使用十分方便，大大提高了数据的利用率和灵活性。

数据库管理系统（Data Base Management System，简称 DBMS）是对数据库中的资源进行统一管理和控制的软件。数据库管理系统是数据库系统的核心，是进行数据处理的有利工具。目前，被广泛使用的数据库管理系统有 SQL Server 、Oracle 等。

2．应用软件

应用软件是针对某一个专门目的而开发的软件，如办公软件、财务管理系统、辅助教学软件、图形处理软件、计算机辅助设计软件、工具软件、游戏软件等。

1.2.3　计算机的基本工作原理

计算机的基本工作原理都是采用以"存储程序"（将解题程序存放到存储器）和"程序控制"（控制程序顺序执行）为基础的设计思想。这个思想是美籍匈牙利数学家冯·诺依曼（Von Neumann）于 1945 年提出的。

根据这个原理，使用计算机前，要把处理的信息（数据）和处理的步骤（程序）事先编排好，并以二进制数的形式输入到计算机内存储器中，然后由计算机控制器严格地按照程序逻辑顺序逐条执行，完成对信息的加工处理。这种基于"存储程序"和"程序控制"原理的计算机，称为冯·诺依曼型计算机，如图 1-3 所示。

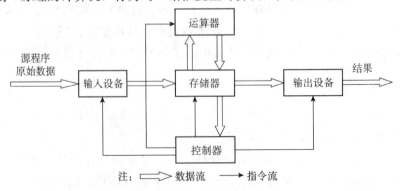

图 1-3　计算机工作原理图

1.2.4　软件与硬件的逻辑等价性

在计算机中，任何由软件实现的操作，都可以由硬件来实现，反之亦然。只不过由硬件实现的操作速度更快，但缺乏软件实现的灵活性。软、硬件的这种特性，叫做逻辑等价性。这是特指在实现计算机指令和程序功能上的逻辑等价。

计算机的硬件和软件是相辅相成的。它们共同构成完整的计算机系统，缺一不可，没有软件的计算机等于一堆废铜烂铁，无任何作用；同样，没有硬件，软件也犹如空中楼阁。它们只有相互配合，计算机才能正常运行。

1.3　微型计算机

1.3.1　微型计算机系统

微型计算机以微处理器和总线为核心。微处理器是微型计算机的中央处理部件，包括寄存器、累加器、算术逻辑部件、控制部件、时钟发生器、内部总线等；总线是传送信息的公共通道，并将各个功能部件连接在一起。总线分为数据总线、地址总线和控制总线三种。

此外，微型计算机还包括随机存取存储器（RAM）、只读存储器（ROM）、输入/输出电路以及组成这个系统的总线接口等。微型计算机的基本结构如图 1-4 所示。

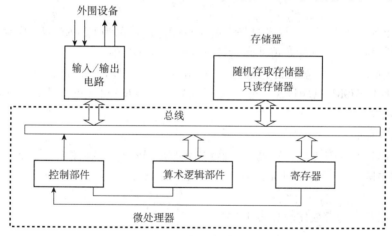

图 1-4　微型计算机基本结构图

1. 中央处理器

中央处理器（CPU）是计算机最主要的设备，相当于人的大脑一样，几乎所有的文件资料和信息都由它控制，还要给其他计算机设备分配工作。

平常大家说的 486、586、奔腾、Pentium II 和 Pentium III 就是指不同的 CPU。通常用主频评价 CPU 的能力和速度，如 PIII 800CPU，表示主频为 800 MHz。

2. 主板

系统主板是微型计算机中一块用于安装各种插件，并由控件芯片构成的电路板。主板上不仅有芯片组、BIOS 芯片、各种跳线、电源插座，还提供 CPU 插槽、内存插槽、总线扩展槽、IDE 接口、软盘驱动器接口，以及串行口、并行口、PS/2 接口、USB 接口、CPU 风扇电源接口及各类外设接口等。

3. 总线

总线是计算机中各部件之间传递信息的基本通道。依据传递内容的不同，总线又分为数据总线、地址总线和控制总线三种。

4. 内存储器

内存储器（简称内存）是计算机用于直接存取程序和数据的地方，因此计算机在执行程序前必须将程序装入内存。当前内存由半导体组成，没有机械装置，所以内存的速度远远高于外存，但容量相对外存来说有局限。

5. 外存储器

（1）硬盘

硬盘是由若干硬盘片组成的盘片组，一般被固定在计算机机箱内。硬盘的容量大，存取速度快，目前生产的硬盘容量一般在 320～1500GB 以上。在使用硬盘时，应保持良好的工作环境，如适宜的温度和湿度、防尘、防震等，不要随意拆卸。

磁记录技术的重大进步推动了硬盘的记录密度。随着产品更新换代，存储容量有了极大的飞跃。从磁阻（MR）记录头到巨磁阻（GMR）记录头的转变，使 1997 年以来磁盘的单位面积密度（位/平方英寸）年均增长 1 倍左右。在目前的桌面系统中，60％以上硬盘的转速为 7200 转/分，这一速度将继续增长。

（2）光盘

①CD 光盘：最常用的 CD 光盘是 5 英寸只读光盘，称为 CD-ROM。这种光盘只能读出，不能重新写入。一片 5 英寸光盘可以存储 700MB 的信息。

②DVD 光盘：DVD 盘片的容量为 4.7GB，相当于 CD-ROM 光盘的 7 倍。DVD 盘片可分为 DVD-ROM、DVD-R（可一次写入）、DVD-RAM（可多次写入）和 DVD-RW（读和重写）。

（3）辅助存储器

移动存储技术发展迅速，辅助存储器包括闪存（U 盘）、存储卡、记忆棒、移动硬盘等。辅助存储器的容量一般都比较大，而且可以移动，便于在不同计算机之间进行信息交流。

各种存储技术的参数比较如表 1-1 所示。

表 1-1　各种存储技术的参数

	体积	容量	特　　点
闪存（U 盘）	多样化、最小化	1GB/2GB/ 2 * 2GB/2 * 4GB 等	携带轻便、防震
存储卡	体积最小化	4GB/8GB/16GB/32GB 等	便于携带，超大空间，防震及摇动，多功能
记忆棒	50mm×21.5mm×2.8mm 31mm×20mm×1.6mm	8GB /16GB/32GB/64GB 等	高度抵抗震动及摇动，多功能，数据存储安全
移动硬盘	体积相对偏大	250GB/320GB/500GB/ 1TB/2TB 等	抗电磁/抗潮，多功能，速度更快，携带轻便

由于竞争激烈，许多移动存储器生产厂商开始思考整合性多功能的发展趋势。

目前，多功能的概念附加到移动存储产品上。例如，将 MP3、录音等功能与存储功能整合在一起，满足消费者对数码技术产品的多种需求。通过运行数据仓的日期、便笺、通讯录、提醒等选项，用户可将日程安排、记事提醒、公务邮件等多种信息自动备份并随身携带，大大提高了办公效率。

有些移动存储器已经脱离 PC 的应用。USB OTG（On-The-Go）的设备就可以脱离 PC 独立地和 U 盘、DC、MP3 等设备交换数据。这在一定程度上说明，应用的中心正在由 PC 为主向外围设备扩展。

 小提示

扩 展 内 存

买一条 1GB 的内存，只要有相应的接口就可以加，但是加的内存条最好是同品牌的，频率要一样（266、333、400 或者 533Hz），把内存插到主板上的内存槽中就行了。

运行速度并不由内存单一变量决定，还与 CPU 频率、硬盘读取速度，甚至主板芯片都有关系。内存条扩展后，计算机的运行速度自然就快了。

6. 输入设备

（1）键盘

键盘是目前应用最普遍的一种输入设备，它是由一组排列成阵列形式的按键开关组成的，每按下一个键，就产生一个相应的字符代码（每个按键的位置码），然后将它转换成 ASCII 码或其他代码送往主机。用户的指令必须通过它才能告诉主机，通过它，计算机才知道要做什么。目前，键盘对计算机来说还是一个不可替代的输入设备。

（2）鼠标

鼠标是微机上最常用的输入设备。常见的鼠标有光电式和机械式两种。

其他输入设备还有光笔、图形板、扫描仪、跟踪球、操纵杆等。跟踪球是用手指或手掌推动的一个球体，它的工作方式类似于鼠标，用手来转动球体，得到相对的位移。图形输入设备有摄像机、扫描仪等。现在出现了语音与文字输入系统，可以让计算机从语音的声波和文字的形状中领会到含义。

7. 输出设备

（1）显示器

显示器是计算机的主要输出设备。显示器按其工作原理分为阴极射线管显示器（CRT）和液晶显示器（LCD）。

在购买时，显示器支持的颜色多少、显示器每秒钟更新画面的次数，都是要考虑的因素。

（2）音箱

见过有的人一边在计算机前操作，一边听着美妙的音乐吗？那就是音箱的杰作。现在，有声有画的多媒体计算机家族越来越壮大，为人们的工作和生活增添了很多色彩，也吸引了很多计算机爱好者。主机的声音通过声卡传送给音箱，再由音箱表达出来，真正体现多媒体的效果。

（3）打印机

打印机也是一种常用的输出设备，它通过一根电缆与主机后面的并口或 USB 端口相连。打印机有三种类型：针式打印机、喷墨打印机和激光打印机，其性能是逐级递增的。

1.3.2　微型计算机的性能指标

1. 字长

字长以二进制位为单位，其大小是 CPU 能够同时处理数据的二进制位数。它直接关系到计算机的计算精度、功能和速度。像 Pentium、Pentium Pro、Pentium Ⅱ、Pentium Ⅲ、Pentium Ⅳ 处理器大多是 32 位。目前的主流 CPU 使用的 64 位技术主要有 AMD 公司的 AMD 64 位技术、Intel 公司的 EM64T 技术和 Intel 公司的 IA-64 技术。

2. 运算速度

通常所说的计算机的运算速度（平均运算速度）是指每秒钟所能执行的指令条数。一般用百万次/秒（MIPS）来描述。

3. 时钟频率（主频）

时钟频率是指 CPU 在单位时间（秒）内发出的脉冲数。通常，时钟频率以兆赫（MHz）为单位。时钟频率越高，其运算速度就越快。

4. 内存容量

内存容量反映了内存储器存储数据的能力。存储容量越大，其处理数据的范围就越广，并且运算速度一般也越快。现在的微型计算机内存配置能够达到 1GB，甚至更高。

以上只是一些主要性能指标。评定一种微型机的优劣不能仅仅根据一两项指标，需要综合考虑。性能价格比是评价计算机性能的主要指标。选择微机时，以满足应用的要求和一段时间的应用发展需求为目的，不要盲目追求先进性。

除了上述主要性能指标外，还有其他指标，如外设配置、软件配置等。

 小提示

如何选购计算机

不管是新手还是老手，在购机前都要了解所购买计算机的用途，一般分为三类：经济实惠型、多功能型和高性能型。了解每类的特点，有助于选择合适的机型，既能满足需要，又能做到少花钱。

（1）经济实惠型：功能一般，价格比较便宜，适合计算机初学者。

（2）多功能型：这种系统装有 G3 和 Pentium 处理器（或其他类似的处理器），内存很大，硬盘很大，并且有多媒体功能。这使用户有足够的空间去操作和存储图像，进行更多的复杂计算和设计任务，运行三维游戏软件等。

（3）高性能型：这种 PC 是建立在最新、最先进的组件基础上的，体现了计算机技术的前沿。这种级别的计算机工作于复杂的图形设计和多媒体应用软件环境，具有特大内存、特大硬盘空间，视频存储空间相应地也很大。这种高性能的配置有着令人难以置信的速度和功率，使计算机游戏达到了一种前所未有的效果。顶级的三维加速器、高质量的音响和高性能的处理器，使得游戏看起来比以往任何时候都更逼真。如果要

运行对计算机性能要求高的游戏软件，就应该选择这种机型。

目前的主流配置为：CPU 要 2.5GHz 以上；内存容量 2GB 以上；硬盘容量 500GB 以上；显示器为液晶宽屏 19 寸以上。

1.3.3　计算机各部位的连接

1. 对号入座原则

对号入座原则，就是根据要连接到主机的部件或设备的连接插头、插座的形状。在主机上找到对应的相同的形状。在连接键盘和鼠标时，一定要注意其方向性，即插头上的"小舌头"一定要对准插孔中的方形孔。

2. 颜色识别原则

颜色识别原则，就是根据要连接到主机的部件或设备的连接插头、插座的颜色，在主机上找到对应的颜色后插入，即完成连接。例如，键盘的插头是蓝色的，只要将这一插头插在主机背面板上的蓝色插座中即可，这个蓝色插座就叫做键盘插孔。在连接键盘时，一定要注意其方向性。

目前，鼠标分为有线鼠标和无线的光电鼠标两种。光电鼠标不用插线，只需安装好电池即可。有线鼠标的插头是绿色的，应将其插入主机背面板上对应颜色的插座鼠标插孔。同样，连接鼠标时也应注意其方向性。

音箱的插头是红色的，耳机的插头是黄色的，将其分别插入主机箱背面的红色和黄色插孔即可。这些插孔分别叫做音频输出口和麦克风插孔。

3. 显示器的插头

显示器的插头是梯形形状的，也是唯一未遵从双色原则的设备，但它的连接依然很方便。因为显示器的插头是 15 针的，只要将其对准主机箱背板上相同大小的 15 眼梯形插座，并均匀地稍加用力，就可顺利插好。

4. 其他设备

其他设备与主机相连时，只要注意颜色相对和方向正确即可。电源的连接是所有连接操作中的最后一项，即在其他设备都连接完成并检查无错误后，才可进行电源的连接。连接电源也是比较简单的，只需将电源线上有 3 个凹形眼的插头与主机上的电源插座相连，另一头插入与其相接的电源接线板的插座。显示器电源的连接与此相同。

1.4　计算机病毒及其防治

1.4.1　计算机病毒概述

计算机病毒（Computer Viruses）是一种人为编写的特制程序，它寄生在其他文件中，能不断地自我复制并传染给别的文件，通过非授权人入侵而隐藏在可执行程序和数据文件中，影响和破坏正常程序的执行和数据安全，具有相当大的破坏性。

计算机一旦感染了病毒，会很快地扩散，如同生物体感染生物病毒一样，具有很强的传染性。

小贴士

传染性是计算机病毒最根本的特征，也是病毒与正常程序的本质区别。

1. 病毒症状

计算机染上病毒后，如果没有发作，是很难觉察到的。计算机病毒发作时都会有哪些症状呢？下列一些现象可以被认为是计算机感染病毒的典型特征：

①有时计算机的工作会很不正常，有时会莫名其妙地死机或不能正常启动。

②有时会突然重新启动，有时程序会干脆运行不了。

③程序装入时间比平时长，运行异常。

④发现可执行文件的大小发生变化，或发现不知来源的隐藏文件。

⑤磁盘的空间突然变小了，或不识别磁盘设备。

⑥程序或数据神秘地丢失了，文件名不能辨认。

⑦显示器上经常出现一些莫名其妙的信息或异常显示（如白斑或圆点等），甚至在屏幕上出现对话框。

⑧用户访问设备时发现异常情况，如打印机不能联机或打印符号异常。

计算机病毒发作时通常会破坏文件，这是非常危险的。一般情况下，只要计算机无缘无故工作不正常，就有可能是染上了病毒。以前人们一直以为，病毒只能破坏软件，对硬件毫无办法，可是 CIH 病毒打破了这个神话，因为它在某种情况下可以破坏硬件。

2. 病毒的分类

（1）病毒主要类型

①引导区型病毒：自身占据了引导扇区，系统的一次初始化，病毒就被激活。

②文件型病毒：寄生在扩展名为 COM、EXE、DRV、SYS、BIN、OVL 等的文件中。

③宏病毒：寄生在 Microsoft Office 文档上的病毒宏代码。

④特洛伊木马：这是一种专门的程序工具，如比较有名的 BO、Pwlview，特别是中文界面的 Netspy，操作方法一看就会。这种程序令用户在不知不觉中运行，开始实施对计算机的攻击；甚至使用户在毫无察觉的情况下主动告知用户名和口令；有的则伸向用户计算机的 C 盘找到 Windows 下的有关程序，把用户账号和密码都显示出来。

（2）病毒入侵渠道

①源码病毒：源码病毒是在源程序被编译之前插入到由高级语言编写的源程序的病毒。

②入侵病毒：入侵病毒是在程序运行时侵入到现有程序的。实际上是把病毒程序的一部分插到主程序中。

③操作系统病毒：操作系统病毒攻击的目标是计算机操作系统，工作时往往以自己的逻辑功能来替代操作系统的部分功能，可以导致整个系统陷于瘫痪。例如，病毒程序取代磁盘分区表或 BOOT 区的引导程序，在系统运行过程中不断捕捉控制权，进行病毒的扩散。

④外壳病毒：外壳病毒是将病毒包裹在主程序的周围，尤其是组成 DOS 基本系统的三个基本文件等可执行程序文件的周围，但不对源程序作修改。一旦这些程序被执行，病毒即驻留在内存中，随即感染磁盘和其后执行的程序。

1.4.2 清除病毒

如果发现了计算机病毒，应立即清除。清除病毒的方法通常有两种：人工处理和利用杀毒软件进行处理。

如果发现磁盘引导区的记录被破坏，可以用正确的引导记录覆盖它。如果发现某一文件已经感染上病毒，可以取消在该文件上的链接，或者干脆清除该文件，这些都属于人工处理。

 小提示

清除病毒的人工处理方法是很重要的。但是，人工处理容易出错，有一定的危险性，如果操作不慎，将会造成系统数据的损失；不合理的处理方法还可能导致预料不到的后果。

杀毒软件通常具有对特定种类的病毒进行检测的功能，有的软件可查出几百种，甚至几千种病毒，并且大部分杀毒软件可同时清除这些查出来的病毒。另外，利用杀毒软件清除病毒时，一般不会因清除病毒而破坏系统的正常运行。计算机病毒以及反病毒技术都是以软件编程技术为基础，杀毒软件总是滞后于病毒的发现，任何清病毒软件都只能发现病毒和清除部分病毒。

目前常用的杀毒软件主要有卡巴斯基（Kaspers）、江民杀毒软件、瑞星杀毒软件、McAfee（麦咖啡）、诺顿（Norton Antiv）、金山毒霸引擎病毒、光华反病毒软件、安博士、北信源、天网等。

1.4.3 计算机病毒的预防

计算机病毒和别的程序一样，是人编写出来的。既然计算机病毒也是人编的程序，那就会有办法来对付它。目前主要是使用计算机病毒的疫苗程序，这种程序能够监督系统运行，并防止某些病毒入侵。当发现磁盘及内存有变化时，会立即通知用户，由用户采取措施进行处理。最重要的是采取各种安全措施预防病毒，不给病毒以可乘之机。

1. 随时清查

为了避免损失，不要轻易接受来历不明的软件；经常用杀毒软件提供的清除病毒的功能进行检查和清除；当发现上网速度奇慢无比，如"已发送字节"数变为"1？／FONT＞3kbps"时，应立即挂断网络，然后对硬盘进行认真的检查。

2. 借助防火墙功能

为了保护网络的信息安全，目前国内许多 ISP（Internet 服务提供商）提供了防火墙功能，一些调制解调器生产厂家也提供了自己的防火墙软件。但是这些功能在设备默认设置下可能被禁用，用户有必要自己通过重新更改设置来启动、应用它们，达到对自己计算机的保护。由于 ISP 关于防火墙或软件的使用方法各有不同，使用该功能时需要按 ISP 的通知或调制解调器的说明书来设置。

3. 有必要关闭"共享"

Windows 的"网上邻居"在给用户带来方便的同时，也带来了隐患，使得一些特殊的软件可以搜索到网上的"共享"而直接访问对方的硬盘，从而使别有用心的人控制你的机器。鉴别是否"共享"，主要看硬盘或文件夹图标下有无一只小手托着，如果有的话，表明启动了共享功能，只需要选中该图标，然后选择"文件"→"共享"命令，再选中"不共享"，这只小手就消失了。

如果用户必须使用"共享"服务，应该明确具体哪些部分可以共享，尽量不要将整个驱动器共享出来，而是仅将那些有必要共享的文件夹设置为共享，并且用不易猜中的口令来保护这些共享资源。

4. 硬件预防

硬件预防主要采取两种方法：一是改变计算机系统结构，二是使用杀毒软件。目前主要是采用后者。当系统启动后，先自动执行相应的杀毒程序，从而取得CPU 的控制权。

5. 管理预防

这是最有效的一种预防病毒的措施，目前世界各国基本都采用这种方法。一般通过以下途径进行管理预防：

①法律制度：规定制造计算机病毒是违法行为，对罪犯用法律制裁。

②计算机系统管理制度：有系统使用权限的规定、系统支持资料的建立和健全的规定、文件使用的规定、定期清除病毒和更新磁盘的规定等。

③重要文件一定要加强保护、及时备份，应该尽可能做到一式三备份。

小贴士

虽然很多病毒在杀除后就消失了，但因为有些病毒在计算机一启动时就已驻留在内存中，在这种带有病毒的环境下杀毒只能把它们从硬盘上清除，但内存中还有。所以，想要彻底清除，一定要用没有感染病毒的启动盘重新启动，才能保证计算机启动后，内存中没有病毒。也只有这样，才能将病毒彻底清除。

6. 预防病毒更重要

杀毒软件做得再好，也只是针对已经出现的病毒，它们对新病毒是无能为力的。而新的病毒总是层出不穷，并且在 Internet 高速发展的今天，病毒传播得极为迅速。

重要的预防措施是不要随便复制来历不明的软件，不要使用未经授权的软件；尤其在上网时更要小心，网上的免费软件到处都是，使用前一定要用杀毒软件检查。

拓展知识

• 保障隐私安全，不把秘密留在网络上 •

当我们上网的时候，可能会使用电子信箱，这样就会留下账号；可能会访问一些网站，这样会留下上网信息；可能会登录一些电子商务网站，账号和密码会默认保存在系统之中……一旦计算机被入侵，这些留下的信息可能毫无保留地暴露在黑客面前。所以，一定不能把这些秘密保留下来。

1. 清除 IE 缓存记录

为了加快上网浏览速度，IE 会将最近浏览过的网站内容保存在缓存中，下一次再访问该网站时就可以直接从缓存中读取数据。这虽然加快了浏览速度，但是却埋下了安全隐患。

对此，用户可以执行浏览器的"工具"→"Internet 选项"命令，在打开的窗口的"常规"标签中单击"Internet 临时文件"区的"删除文件"按钮，弹出一个询问窗口，选中其中的"删除所有脱机内容"复选框并确定，即可把所有文件都删除。

2. 清除 Cookies 记录

Cookies 主要是为了提供网站跟踪用户，保存了网站的 IP 地址、用户名等。它是在用户访问网站后自动生成的，并保存在安装目录的 Cookies 目录中。因此，用户只需要打开系统所在分区，然后进入 \ WINDOWS \ system32 \ config \ systemprofile 文件夹，将其中的文件全部删除即可。

3. 删除历史记录

History 文件夹记录了最近一段时间内浏览过的网站内容。通过这个信息，就可以了解用户一段时间内访问过的操作。因此，在离开计算机前，一定要把这些记录彻底清除，才能保证个人隐私的安全。打开 IE 浏览器，执行"工具"→"Internet 选项"命令，然后在"常规"标签中单击"清除历史记录"按钮就可以了。

4. 密码记录清除

登录电子信箱、在网上进行各种注册登记等，都会被要求输入密码。有时为了方便，用户经常会使用系统的自动完成功能，系统会记下用户密码，在下一次输入同样的用户名时将自动完成密码的输入。如在退出系统时没有把密码清除，就太危险了。

为了不让危险存在，提醒用户要将密码清除，方法是：打开 IE 浏览器，执行"工具"→"Internet 选项"命令，然后在"内容"标签中单击"自动完成"按钮，通过"清除自动完成历史记录"下的"清除表单"和"清除密码"将曾经的记录全部删除。

5. 恢复已访问过 IE 地址颜色

IE 以及 Web 页面设计者一般都将页面上未访问过的和访问过的链接设置成不同的颜色，虽然这是为了方便用户浏览，但不经意间会泄露用户的浏览足迹。不过，通过下面的方法，可以消除这种颜色的变化。

打开 IE 的 Internet 选项设置窗口，在"常规"标签中单击"辅助功能"按钮，在打开的对话框中，勾选格式区域的"不要使用 Web 页中指定的颜色"项，然后单击"确定"按钮退出。再单击"颜色"按钮，在颜色区域选中"使用 Windows 颜色"，在链接区域通过调色板将未访问过的和访问过的链接颜色设为一致，最后单击"确定"按钮退出。

6. 关闭 IE 自动填写表单

IE 中的自动完成功能给用户填写表单和输入 Web 地址带来便利，但同时也带来了潜在的泄密危险，尤其是对于在网吧或公共场所上网的网民。若需要禁止该功能，只需打开 Internet 选项窗口，然后在"内容"标签中单击"自动完成"按钮，再在打开的窗口中取消"自动完成功能应用于"下的各个选项，这样浏览器就不会再自动记录信息以便于填写表单了。

1.4.4　预防互联网诈骗

1. 什么是网络诈骗

随着互联网的迅猛发展，网络逐渐成为人们生活中一个重要的生活工作环境。但网络诈骗随之兴起，给人们的生活造成恶劣影响。

网络诈骗，是指以非法占有为目的，利用互联网而采用的虚拟事实或者隐瞒事实真相的方法。诈骗的历史悠久，手段层出不穷，网络的兴起为人们的生活带来了便利，也为诈骗提供了便利。

2. 网络诈骗的形式

以下是几种常见的网络诈骗形式。

①冒充亲友诈骗。不法分子通过欺骗或黑客手段获取受害人亲友的 QQ 号码等网上联络方式，然后在网上冒充受害人亲友向其借钱，有的甚至将受害人亲友的视频聊天录像播放给受害人观看，以达到取信受害人的目的。

②冒充商业合作伙伴诈骗。不法分子通过欺骗或黑客手段获取受害人商业伙伴的电子邮箱后，利用该电子邮箱或注册用户名极为相似的邮箱名，冒充其商业伙伴对受害人实施诈骗。

③购物诈骗。不法分子在互联网交易平台开办网店，或直接开设购物网站，以明显低于市场的价格在网上出售数码产品、游戏装备、监控器材等商品，诱使网民与其联系购买。

④中奖诈骗。不法分子通过电子邮件、QQ、论坛短信、网络游戏等方式发送中奖信息，诱骗网民访问其开设的虚假中奖网站，再以支付个人所得税、保证金等名义骗取网民钱财。

⑤彩票诈骗。不法分子开设彩票预测网站，以有内幕消息、权威预测等为名，大肆吹嘘其历史预测成绩，诱骗网民汇款加入成为其会员。

⑥股票诈骗。不法分子开设股票投资网站，冒充正规证券公司，以有内幕消息、权威分析等为名，大肆吹嘘其历史投资成绩，诱骗网民打款进行投资。

⑦钓鱼网站诈骗。不法分子开设网址与真实网站极为相似的虚假网上银行、虚假慈善或虚假交易平台等网站，骗取网民的身份信息、银行卡信息和密码，从而盗取网民的银行存款。

⑧招聘诈骗。不法分子在各大网站论坛发布虚假招聘信息，骗取网民的会员费、介绍费。

3. 防范网络诈骗违法犯罪活动知识

网民上网要做好计算机安全防范工作，及时下载、更新防病毒软件，开启相关安全保护功能，不下载、使用来历不明的软件，防止个人资料信息被盗取和利用。同时，要积极了解各类网络诈骗手法的特点，提高自身安全防范意识。

①对于亲友或合作伙伴在网上发出的汇款请求，不要轻信，一定要以电话或其他方式进行核实。

②对于网上出售的商品价格明显低于市场售价的应留个心眼，不要轻易汇款，要尽量选择收到实物后再支付的付款方式。

③对于网上发布的中奖信息、彩票预测信息和股票投资信息切不可相信，犯罪分子正是利用"天上掉馅饼"的侥幸心理设置圈套，实施诈骗。

④对于网上慈善捐款，使用网上银行、网络交易平台进行汇款支付的，应仔细核对网址是否正确。

⑤对于网上发布招聘信息，要求先付会员费、中介费的，不可轻信，应去正规的求职网站咨询。

1.4.5　下一代网络安全——云安全

云安全（Cloud Security），简单地说就是通过互联网达到"反病毒厂商的计算机群"与"用户终端"之间的互动。云安全不是某款产品，也不是解决方案，它是基于云计算技术演变而来的一种互联网安全防御理念。

"云安全"计划是网络时代信息安全的最新体现，它融合了并行处理、网格计算、未知病毒行为判断等新兴技术和概念，通过网状的大量客户端对网络中软件行为的异常监测，获取互联网中木马、恶意程序的最新信息，传送到服务器端进行自动分析和处理，再把病毒和木马的解决方案分发到每一个客户端。

1.5　计算机的发展趋势

科学家断言，计算机今后将向高度（高性能）、广度（普及）和深度（智能化）挺进，国外称这种趋势为普适计算（Pervasive Computing），或叫"无处不在"的计算。超级计算机将被普遍使用，计算机将采用更先进的数据存储技术（如光学、永久性半导体、磁性存储等）；外设将走向高性能、网络化和集成化，并且更易于携带；人与计算机的交流将更加便捷，计算机的使用会越来越简单。

1.5.1　未来计算机的发展趋势

1. 模块化

计算机之所以有今天这么大的普及度，其通用模块化设计起了决定性的推动作用，而且会发扬光大，不但在内置板卡中实现模块化，甚至可以提供多个外接插槽，供用户加入新的模块，增加性能或功能，使用起来和现在笔记本电脑中的 PCMICA（一种国际通用标准，常见的用在笔记本电脑上的无线网卡）有点接近。

2. 无线化

追求自由一直是人类的梦想，计算机的无线化风潮同样也是人们梦寐以求的。和现在笔记本电脑讲的"无线你的无限"有所不同的是：未来的计算机将实现网络和设备间的无线连接，这意味着未来在家中使用台式机比现在的笔记本电脑还方便，因为显示器与主机之间也是通过无线连接的，使用起来有点像现在的 Tablet PC。

3. 专门化

将来的计算机会因从事的工作不同，而在性能上、外形上有很大的不同。软硬件一体化的计算机将逐渐由专用设备所代替。

如果仔细留意，目前在人们的身边正发生这样的变化，比如售卖彩票的终端、商场里的收银机、银行的终端等，多是为了提高某一项工作的效率和降低成本，逐渐由通用计算机演变而来的。也许这样的转变将出现在人们的家庭生活中，专用的"家庭调控计算机"将成为家中的电器控制中心。

4. 网络化

计算机越来越普及，各种家用电器也开始具备智能化，这将促进家电与计算机的网络化进程。家庭网络分布式系统将逐渐取代目前单机操作的模式，计算机可以通过网络控制各种家电的运行，并通过互联网下载新的家电应用程序，以增加家电的功能，改善家电的性能等。

今天，网络技术发展呈现出四个方面的变化趋势：从静态网到动态网；从被动方式到主动方式；从呈现信息和浏览的窗口到智能生成的平台；从 HTML 到 XML。

这里面重要的变革就是把互联网的结构变成一个更加动态的方式，它对整个互联网的架构会产生革命性的影响。人们在各种场合都可以方便地使用网络，阅读所需要的内容，从事所需要的业务。

5. 环保化

随着计算机性能的提高，将来的计算机会像现在的纸张一样便宜，可以一次性使用，计算机将成为不被人注意的最常用的日用品，在失去使用价值以后还能回收。环保型绿色计算机的特点是不仅省电、节能、减少辐射，而且在制造计算机的材料方面也有很大变化，重金属和不可回收材料的比例将进一步降低，更多地选用可再生材料。

另外，通过采用新的架构，比如采用"量子"、"光子"、"DNA"方式代替现有的硅架构的计算机，将大幅降低计算机的能耗。再过十几、二十几年，可能学生们上课用的不再是教科书，而只是一个笔记本大小的计算机，所有的中小学课程教材、辅导书、练习题都在里面，不同的学生可以根据自己的需要方便地从中查到想要的资料。而且这些计算机与现在的手机合为一体，随时随地都可以上网，交流信息。

6. 智能化

最成功的智能化应用应该是在航天技术方面。随着宇宙飞船先后成功登陆火星，不但宣示人类又往外太空行进了一步，同时宣示了人工智能的成功。

近几年来，计算机识别文字（包括印刷体、手写体）和语音的技术有了较大提高，已达到商品化水平，估计不久，手写和语音输入将逐步成为主流的输入方式。手势（特别是哑语手势）和脸部表情识别也会取得较大进展。

电子化宠物也开始大行其道，因为电子化的宠物饲养更加方便，还可以更新换代，更容易与主人交流，甚至可以模拟多种宠物，在计算机之间进行交流、通信。这些优势将让电子宠物取代一部分真正的宠物，成为未来人类工作、生活的新伙伴。

1.5.2 平板电脑的发展

平板电脑（Tablet Personal Computer，简称 Tablet PC、Flat PC、Tablet、Slates）是一种小型、方便携带的个人电脑，以触摸屏作为基本的输入设备。它拥有的触摸屏（也称为数位板技术）允许用户通过触控笔或数字笔来进行作业，而不是采用传统的键盘或鼠标。用户可以通过内建的手写识别、屏幕上的软键盘、语音识别或者一个真正的键盘（如果该机型配备的话）完成输入。

平板电脑的发展历程如下：

①1968 年，来自施乐帕洛阿尔托研究中心的艾伦·凯（Alan Kay）在 20 世纪 60 年代末提出了一种可以用笔输入信息的叫做 Dynabook 的新型笔记本电脑的构想。然而，帕洛阿尔托研究中心没有对该构想提供支持。

②1989 年，平板电脑的雏形与始祖 GRiD Pad 诞生，这是第一款触控式屏幕的计算机。以现在的眼光看来，其配置十分简陋：采用 Intel 386SL 20MHz/16MHz 处理器，搭配 80387 协处理器（尽管这在当时已经是最好的基于笔记本电脑的处理器），使用 40MB 的内存，可选配最大 120MB 的硬盘。当然，它采用的是古老的 DOS 操作系统。

③1991 年，GRiD Pad 的总设计师 Jeff Hawkins（杰夫·霍金斯）离开了 GRiD System 公司，带着自己的梦想于 1992 年 1 月创建了一个对后来的平板电脑、PDA 以及智能手机市场都有着深远影响的公司——Palm Computing。

④2001 年，微软公司 CEO 比尔·盖茨提出平板电脑概念，并推出了 Windows XP Tablet PC 版，使得一度消失多年的平板电脑产品线再次走入人们的视线。该系统建立在 Windows XP Professional 基础之上，用户可以运行兼容 Windows XP 的软件。同时，Windows 系统开放性和可安装性的特点为硬件厂商开发平板电脑提供了支持。

⑤2002 年，中国人初次接触到平板电脑领域，并为中国人在该领域占有一席之地打下了坚实的基础。KONKA（康佳）于 2002 年 5 月 20 日发布了中国第一款平板电脑，名叫"IME"。

⑥2005 年，微软发布了 Tablet PC Edition 2005，它包含 Service Pack 2，并且可以免费升级。这一版本带来了增强的手写识别率并且改善了输入皮肤，还让输入皮肤支持几乎所有的程序。

⑦2010 年 1 月 27 日，在美国旧金山欧巴布也那艺术中心（芳草地艺术中心），苹果公司举行了盛大的发布会，传闻已久的平板电脑——iPad 由首席执行官、"魔术师"史蒂夫·乔布斯亲自发布。iPad 定位介于苹果的智能手机 iPhone 和笔记本电脑产品之间，通体只有四个按键，与 iPhone 布局一样，提供浏览互联网、收发电子邮件、观看电子书、播放音频或视频等功能。2010 年 9 月 2 日，三星公司在德国"柏林国际消费类电子产品展览会"上发布了其第一台使用 Android 系统的平板电脑 Galaxy Tab。

⑧2011 年初，Google 推出 Android 3.0 蜂巢（Honey Comb）操作系统。Android 是 Google 公司一个基于 Linux 核心的软件平台和操作系统。目前，Android 成为 iOS 最强劲的竞争对手之一。

1.5.3　智能手机的发展

智能手机（Smartphone），是指"像个人电脑一样，具有独立的操作系统，可以由用户自行安装软件、游戏等第三方服务商提供的程序，通过此类程序来不断对手机的功能进行扩充，并可以通过移动通信网络实现无线网络接入的一类手机的总称"。智能手机是一种安装了相应的开放式操作系统的手机。通常使用的操作系统有 Symbian、Windows Mobile、Windows phone、iOS、Linux（含 Android、Maemo、MeeGo 和

WebOS）、Palm OS 和 BlackBerry OS。

未来的智能手机必将是一种能够与云计算技术充分结合的 Web 化的平台，其关键技术主要包括以下几个方面：

①实现 Web 引擎与本地能力的完美结合，即把本地的各种能力封装成接口，供浏览器引擎使用。一个单纯的浏览器无法充分发挥智能手机的本地处理能力，比如调用全球定位系统（GPS）的接口，必须重新设计一种新的 Web 化的智能平台。

②离线处理。当绝大部分的业务逻辑处理都在网络侧实现时，离线处理就变得非常重要，甚至可能成为一个关键性的制约因素，尤其是在无线环境下使用的手机，其网络连接的可靠性远不能与固定网络相比。

③对带宽占用的优化。虽然带宽资源越来越多，但是这种基于云计算理念的WebOS 对带宽的需求远远超过当前的智能手机。如何减少对带宽的需求，决定了这种模式能否真正实现商用。目前多采取数据压缩来减少对带宽的需求，然而真正有效的还是对应用进行分类，区分出哪些适合在终端侧处理，哪些适合在网络侧处理，并将这些接口封装成统一的服务接口，并可根据网络情况随时进行调整，使得资源的利用实现最大化与有效化。

1.5.4 物联网

1. 内涵

物联网是新一代信息技术的重要组成部分，其英文名称是"The Internet of things"。由此，顾名思义，"物联网就是物物相连的互联网"。而传统的互联网是"人与人相联接的网络"。这有两层意思：第一，物联网的核心和基础仍然是互联网，是在互联网基础上的延伸和扩展的网络；第二，其用户端延伸和扩展到了在任何物品与物品之间进行信息交换和通信。因此，物联网的定义是：通过射频识别（RFID）、红外感应器、全球定位系统、激光扫描器等信息传感设备，按约定的协议，把任何物品与互联网相连接，进行信息交换和通信，以实现对物品的智能化识别、定位、跟踪、监控和管理的一种网络。

2. 关键技术

和传统的互联网相比，物联网有其鲜明的特征。物联网产业涉及的关键技术主要包括感知技术、网络和通信技术、信息智能处理技术及公共技术。

（1）感知技术

感知技术通过多种传感器、RFID、二维码、定位、地理识别系统、多媒体信息等数据采集技术，实现外部世界信息的感知和识别。

物联网上部署了海量的多种类型传感器，每个传感器都是一个信息源，不同类别的传感器所捕获的信息内容和信息格式不同。传感器获得的数据具有实时性，按一定的频率周期性地采集环境信息，不断更新数据。

（2）网络和通信技术

网络和通信技术通过广泛的互联功能，实现感知信息高可靠性、高安全性的传送，包括各种有线和无线传输技术、交换技术、组网技术、网关技术等。

物联网技术的重要基础和核心仍旧是互联网，通过各种有线和无线网络与互联网融合，将物体的信息实时、准确地传递出去。在物联网上，传感器定时采集的信息需要通过网络传输，由于其数量极其庞大，形成了海量信息，在传输过程中，为了保障数据的正确性和及时性，这些信息的格式必须适应各种异构网络和协议。

（3）信息智能处理技术

信息智能处理技术通过应用中间件提供跨行业、跨应用、跨系统的信息协同及共享和互通的功能，包括数据存储、并行计算、数据挖掘、平台服务、信息呈现、服务体系架构、软件和算法技术、云计算、数据中心等。

物联网不仅仅提供传感器的连接，其本身也具有智能处理的能力，能够对物体实施智能控制。物联网将传感器和智能处理相结合，利用云计算、模式识别等智能技术，扩充其应用领域。它从传感器获得的海量信息中分析、加工和处理出有意义的数据，以适应不同用户的不同需求，发现新的应用领域和应用模式。

（4）共性技术

共性技术主要是指标识与解析、安全技术、网络管理、服务质量（QoS）管理等公共技术。

3. 未来发展

物联网将是下一个推动世界高速发展的"重要生产力"。物联网拥有业界最完整的专业物联产品系列，覆盖从传感器、控制器到云计算的各种应用。其产品服务智能家居、交通物流、环境保护、公共安全、智能消防、工业监测、个人健康等各种领域，构建了质量好、技术优、专业性强，成本低，满足客户需求的综合优势，能够持续为客户提供有竞争力的产品和服务。

1.5.5　云计算

1. 内涵

云计算（Cloud Computing）是基于互联网的相关服务的增加、使用和交付模式，通常涉及通过互联网来提供动态易扩展且经常是虚拟化的资源。云是网络、互联网的一种比喻说法。过去在图中往往用云来表示电信网，后来也用来表示互联网和底层基础设施的抽象。狭义云计算指 IT 基础设施的交付和使用模式，指通过网络以按需、易扩展的方式获得所需资源。广义云计算指服务的交付和使用模式，指通过网络以按需、易扩展的方式获得所需服务。这种服务可以是 IT 和软件、互联网相关，也可是其他服务。它意味着计算能力也可作为一种商品通过互联网进行流通。

2. 云计算的未来发展

（1）私有云将首先发展起来

大型企业对数据的安全性有较高的要求，它们更倾向于选择私有云方案。未来几年，公有云受安全、性能、标准、客户认知等多种因素制约，在大型企业中的市场占有率还无法超越私有云。私有云系统的部署量将持续增加，私有云在 IT 消费市场所占的比例也将持续增加。

（2）混合云架构将成为企业 IT 趋势

私有云只为企业内部服务，公有云是可以为所有人提供服务的云计算系统。混合云将公有云和私有云有机地融合在一起，为企业提供更加灵活的云计算解决方案。它是一种更具优势的基础架构，它将系统的内部能力与外部服务资源灵活地结合在一起，并保证了低成本。在未来几年，随着服务提供商的增加与客户认知度的增强，混合云将成为企业 IT 架构的主导。尽管现在私有云在企业内应用较多，但是在未来，这两类云一定会走向融合。

（3）云计算概念逐渐平民化

几年前，由于一些大企业对于云计算概念的渲染，很多人对于云计算的态度一直停留在"仰望"的阶段，未来其发展一定是平民化的。

（4）云计算安全权责更明确

对于云计算安全性的质疑一直是阻碍云计算进一步普及的最大障碍，如何消除公众对于云计算安全性的疑虑成为云服务提供商不得不解决的问题。在这一问题上，通过法律来明确合同双方的权责显然是一个重要的环节。

习　题

一、选择题

1. 通常人们所说的一个完整的计算机系统应包括_____。

A. 运算器、存储器和控制器　　　　B. 计算机和它的外围设备

C. 系统软件和应用软件　　　　　　D. 计算机的硬件系统和软件系统

2. 按照冯·诺依曼的观点，计算机由五大部件组成，它们是_____。

A. CPU、控制器、存储器、输入/输出设备

B. 控制器、运算器、存储器、输入/输出设备

C. CPU、运算器、主存储器、输入/输出设备

D. CPU、控制器、运算器、主存储器、输入/输出设备

3. 微型机中的 CPU 是_____。

A. 分析、控制并执行指令的部件

B. 寄存器

C. 分析、控制并执行指令的部件和存储器

D. 分析、控制指令的部件和存储器和驱动器

4. 微型计算机系统中的中央处理器通常是指_____。

A. 内存储器和控制器　　　　　　　B. 内存储器和运算器

C. 控制器和运算器　　　　　　　　D. 内存储器、控制器和运算器

5. 微型计算机的主存储器比辅助存储器_____。

A. 存储容量大　　　　　　　　　　B. 存储可靠性高

C. 读写速度快　　　　　　　　　　D. 价格便宜

6. 以下设备中，只能作为输出设备的是_____。

A. 键盘　　　　　　　　　　　　　B. 打印机

C. 鼠标　　　　　　　　　　　　　D. 软盘驱动器

7. 信息技术的核心是_____的结合，它是信息时代的社会技术。

A. 计算机与光盘　　　　　　　　　B. 多媒体与现代通信技术

C. 计算机与现代通信技术　　　　　D. 网络与多媒体

8. 微型计算机的硬盘是一种_____。

A. CPU 的一部分　　　　　　　B. 大容量内存

C. 辅助存储器　　　　　　　　D. 内存（主存储器）

9. 多媒体计算机系统指的是计算机具有处理_____的功能。

A. 文字与数字处理　　　　　　B. 图、文、声、影像和动画

C. 交互式　　　　　　　　　　D. 照片、图形

10. 病毒产生的原因是_____。

A. 用户程序有错误　　　　　　B. 计算机硬件故障

C. 计算机系统软件有错误　　　D. 人为制造

11. 计算机病毒是一种_____。

A. 计算机命令　　　　　　　　B. 人体病毒

C. 计算机程序　　　　　　　　D. 外部设备

12. 若发现某 U 盘已经感染上病毒，则可_____。

A. 将该 U 盘报废

B. 换一台计算机，再使用该 U 盘上的文件

C. 将该 U 盘上的文件复制到另一 U 盘上使用

D. 用消毒软件清除该 U 盘上的病毒，或者在确认无病毒的计算机上格式化该 U 盘

二、思考题

1. 计算机从产生至今经历了哪几个发展阶段？

2. 计算机硬件系统由哪几部分组成？

3. 多媒体的含义是什么？

4. 打印机是输入设备，还是输出设备？

5. 中央处理器由哪几个部件组成？说明这几个部件的作用。

6. 计算机软件是由哪些内容构成的？

7. 什么是计算机病毒？

8. 为什么预防病毒最重要？如何采取防毒措施？

第 2 章　Windows 7 操作系统

> **目标**：①认识 Windows 7 操作系统，掌握 Windows 7 的基本操作方法，掌握文件
> 与文件夹的管理方法；②掌握桌面属性、任务栏和开始菜单的设置；③了
> 解 Windows 7 操作系统中软件与硬件的安装，掌握磁盘管理的一些基本
> 操作。
> **重点**：Windows 7 的文件管理操作及控制面板操作。

操作系统是计算机最基本的系统软件，是控制和管理计算机中所有软硬件资源的一组程序。它为用户提供了一个方便、有效、友好的使用环境。

Windows 是美国微软公司推出的"视窗"操作系统，至今已有多个版本。它的一个显著特点是采用了图形用户界面，把操作对象以形象化的图标显示在屏幕上，通过鼠标操作实现各种复杂的处理任务。这种界面方式使用户更容易学习和使用计算机。

2.1　认识 Windows 7

2.1.1　Windows 7 操作系统介绍

Windows 7 是由微软公司（Microsoft Inc.）开发的操作系统，其核心版本号为 Windows NT 6.1。Windows 7 可供家庭及商业工作环境、笔记本电脑、平板电脑、多媒体中心等使用。2009 年 7 月 14 日，Windows 7 RTM（Build 7600.16385）正式上线；2009 年 10 月 22 日，微软于美国正式发布 Windows 7。Windows 7 同时发布了服务器版本——Windows Server 2008 R2。2011 年 2 月 23 日，微软面向大众用户正式发布了 Windows 7 升级补丁——Windows 7 SP1，还包括 Windows Server 2008 R2 SP1 升级补丁。

Windows 7 的版本类型包括以下几种：

①Windows 7 简易版。仅安装在原始设备制造商的特定机器上，并限于某些特殊类型的硬件。OEM 不得修改或更换 Windows 欢迎中心、登录界面和桌面的背景。

②Windows 7 家庭普通版。Windows 7 Home Basic 的主要新特性有无限应用程序、增强视觉体验（没有完整的 Aero 效果）、高级网络支持（ad-hoc 无线网络和互联网连接支持 ICS）、移动中心（Mobility Center）；缺少玻璃特效功能，实时缩略图预览、Internet 连接共享等功能，不支持应用主题。大部分在笔记本电脑或品牌计算机上预装此版本。

③Windows 7 家庭高级版。有 Aero Glass 高级界面、高级窗口导航、改进的媒体格式支持、媒体中心和媒体流增强（包括 Play To）、多点触摸、更好的手写识别等。

它包含的功能有：玻璃特效，多点触控功能，多媒体功能，可以组建家庭网络组。

④Windows 7 专业版。替代 Vista 下的商业版，支持加入管理网络（Domain Join）、高级网络备份等数据保护功能、位置感知打印技术（可在家庭或办公网络上自动选择合适的打印机）等。它包含的功能有：加强网络的功能（比如域加入），高级备份功能，位置感知打印，脱机文件夹，移动中心（Mobility Center），演示模式（Presentation Mode）。

⑤Windows 7 企业版。提供一系列企业级增强功能——BitLocker，内置和外置驱动器数据保护；AppLocker，锁定非授权软件运行；DirectAccess，无缝连接基于 Windows Server 2008 R2 的企业网络；BranchCache，Windows Server 2008 R2 网络缓存；等等。它包含的功能有：Branch 缓存；DirectAccess；BitLocker；AppLocker；Virtualization Enhancements（增强虚拟化）；Management（管理）；Compatibility and Deployment（兼容性和部署）；VHD 引导支持。

⑥Windows 7 旗舰版。拥有 Windows 7 家庭高级版和 Windows 7 专业版的所有功能，当然其硬件要求也是最高的。它包含除企业版外的所有功能。

2.1.2　Windows 7 操作系统的安装

1. 配置要求

安装 Windows 7 的推荐配置要求如表 2-1 所示。

表 2-1　安装 Windows 7 推荐配置表

设备名称	推荐配置	备　注
CPU	1GHz 及以上的 32 位或 64 位处理器	
内存	1GB（32 位）/2GB（64 位）	最低允许 1GB
硬盘	20GB 以上可用空间	不要低于 16GB
显卡	有 WDDM 1.0 驱动的支持 DirectX 10 以上级别的独立显卡	显卡支持 DirectX 9 就可以开启 Windows Aero 特效
其他设备	DVD R/RW 驱动器或者 U 盘等 其他存储介质	安装使用
	互联网连接/电话	需在线激活或电话激活

2. 光盘安装

首先将 Windows 7 安装光盘放入光驱。在计算机启动时进入 BIOS，并把第一启动设备设置为光驱，然后按 F10 键保存设置并退出 BIOS。

①计算机自动重启后出现如图 2-1 所示的提示，请按键盘任意键从光驱启动计算机。

Press any key to boot from CD or DVD._

图 2-1　按键盘任意键从光驱启动计算机

②计算机从光驱启动后开始加载安装程序文件，如图 2-2 所示。

图 2-2 加载安装程序文件

③安装程序文件加载完成后，出现 Windows 7 安装界面。因为 Windows 7 安装光盘是简体中文的，所以这里全部选择默认值，然后单击"下一步"按钮。

④单击"现在安装"按钮开始安装，如图 2-3 和图 2-4 所示。

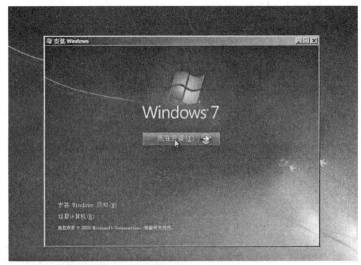

图 2-3 Windows 7 安装界面

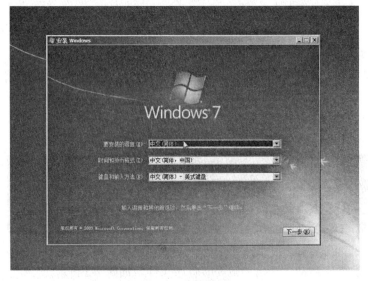

图 2-4 选择设置

⑤出现许可协议条款，勾选"我接受许可条款"，接着单击"下一步"按钮，如图 2-5 所示。

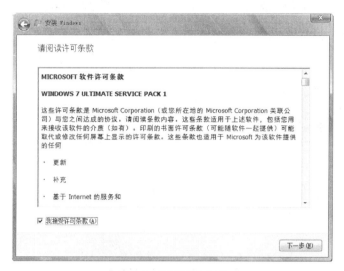

图 2-5　许可协议条款

⑥出现安装类型选择界面。因为不是升级，所以选择"自定义（高级）"选项，如图 2-6 所示。

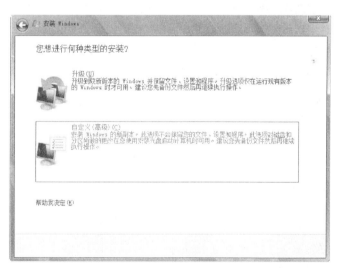

图 2-6　安装类型选择界面

⑦出现安装位置选择界面，在这里选择安装系统的分区。如果要对硬盘进行分区或格式化操作，单击"驱动器选项（高级）"，如图 2-7 所示。

 小提示

单击"驱动器选项"链接，打开"驱动器选项"对话框，可以对硬盘进行分区，也可对分区进行格式化。

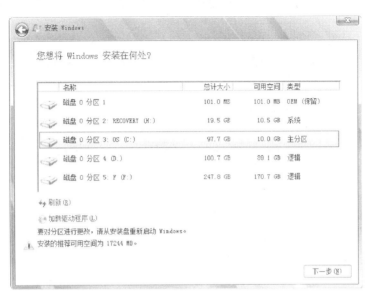

图 2-7　安装位置选择界面

⑧Windows 7 开始安装，如图 2-8 所示。

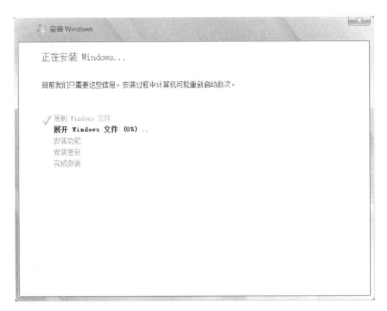

图 2-8　开始安装

⑨安装完成后，计算机需要重新启动。

⑩计算机重新启动后，将更新注册表设置，如图 2-9 所示。

⑪安装程序重新启动服务。

⑫进入最后的完成安装阶段，完成安装阶段结束后，计算机需要重新启动。

⑬计算机重新启动后，安装程序为首次使用计算机做准备，如图 2-10 所示。

图 2-9　更新注册表设置

图 2-10　安装程序为首次使用计算机做准备

⑭输入用户名和计算机名称，单击"下一步"按钮，打开"为账户设置密码"对话框，输入账户密码及密码提示。

⑮设置系统更新方式，建议选择推荐的选项。

⑯设置计算机的日期和时间。

⑰设置网络位置，有家庭、工作和公用三个选项。其中，家庭网络最宽松，公用网络最严格，根据自己的实际情况进行选择，如图 2-11 所示。

⑱完成设置，然后登录系统，进入系统桌面，如图 2-12 所示。

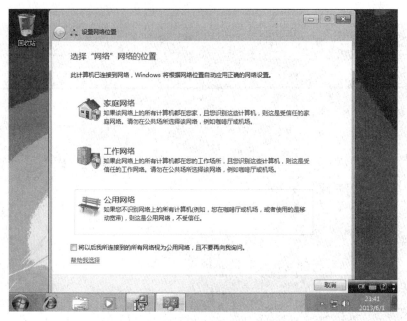

图 2-11 设置网络位置

图 2-12 系统桌面

2.1.3 Windows 7 的启动与退出

Windows 7 操作系统的启动与退出过程就是人们通常所说的开机和关机。

1. 启动 Windows 7

Windows 7 的启动过程是系统自动运行的，从开机到登录 Windows 7 及启动运行的具体操作如下。

①打开显示器、打印机等外设的电源。

②打开主机的电源。

③计算机启动后开始自检并初始化硬件配置。

④启动硬盘、启动操作系统、检测硬件设备、加载操作系统和初始化操作系统，打开用户登录界面。

⑤单击相应的用户，输入登录密码后即进入 Windows 7 操作系统。

2．注销与关闭计算机

如果要退出 Windows 7，只需单击桌面左下角的"开始"图标，在弹出的快捷菜单中执行相关操作即可。

（1）注销

Windows 7 可设置多用户环境，使用同一台计算机的用户各自设置属于自己的工作。当用户处理完工作后，可执行"注销"命令离开工作环境，当其他人使用这台计算机时，不会改变用户设置的工作环境。

（2）关闭计算机

计算机使用完后应该及时关闭，关闭时选择"开始"菜单的"关机"命令即可。在关闭计算机之前，应检查系统是否还有未执行完的任务或尚未保存的文档。如果有，应首先关闭正在执行的任务，并保存好文档，然后再关闭计算机。

关机时注意要先关闭主机电源，再关闭显示器电源。如果有打印机等其他设备，应先关闭打印机或其他设备电源，再关闭显示器电源。

2.1.4　Windows 7 的桌面、任务栏及"开始"菜单

1．桌面

启动 Windows 7 后，呈现在用户面前的屏幕区域称为桌面，如图 2-13 所示。Windows 7 的桌面主题由桌面图标与位于下方的"开始"按钮、桌面背景和任务栏组成。

图 2-13　Windows 7 的桌面

（1）桌面背景

桌面背景是指应用于桌面的图像或颜色。它处于桌面的底层，没有实质性的作用，

主要用于装饰桌面。桌面背景不是固定不变的，用户可根据自己的喜好随意更换。

（2）桌面图标

桌面图标包括系统图标与快捷方式图标。系统图标指"计算机"、"网络"、"回收站"和"控制面板"等系统自带的图标，用于进行与系统相关的操作；快捷方式图标指应用程序的快捷启动方法，它们一般都是安装应用程序时自动产生的，用户也可根据需要自己创建，其主要特征是在图标左下角有一个小箭头标识。双击快捷方式图标可以快速启动相应的应用程序。

2. 任务栏

位于屏幕底部的水平长条称为任务栏。它由快速启动区、程序按钮区、语言栏和通知区域4个部分组成，如图2-14所示，主要用于显示当前运行的所有任务以及程序的快速启动。

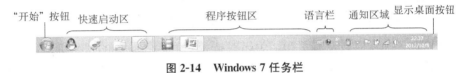

图 2-14　Windows 7 任务栏

（1）快速启动区

快速启动区位于"开始"按钮右侧，用于放置常用程序的快捷方式图标，以方便快速启动常用程序。

（2）程序按钮区

程序按钮区位于快速按钮区右侧，用于切换各个打开的窗口。用户每打开一个窗口，在程序按钮区中就显示一个对应的程序按钮。在 Windows 7 中，用户可以根据个人的习惯更改任务栏上的程序和按钮，更改任务栏上的程序和按钮的方法将在后面讲解。

（3）语言栏

语言栏其实是一个浮动的工具栏，在默认情况下位于任务栏的上方，最小化后位于任务栏的通知区域左侧。它总位于当前所有窗口的最前面，以便用户快速选择所需的输入法。

（4）通知区域

通知区域包括一组图标和"显示桌面"按钮，双击通知区域中的图标可以打开与其相关的程序或设置。为了减少混乱，如果在一段时间内没有使用图标，Windows 7 会将其隐藏在通知区域内。如果想要查看被隐藏的图标，单击"显示隐藏的图标"按钮临时显示隐藏的图标，如图2-15所示。

3. "开始"菜单

系统中大部分的操作都是从"开始"菜单开始的，可以通过单击"开始"按钮或按键盘上的 Windows 键，在弹出的"开始"菜单执行任务。图2-16所示为单击"开始"按钮时弹出的"开始"菜单。

Windows 7 的"开始"菜单是由"固定程序"

图 2-15　显示隐藏的图标

图 2-16 "开始"菜单

列表、"常用程序"列表、"所有程序"列表、搜索框、"启动"菜单和"关闭选项"按钮区组成的。

（1）"固定程序"列表

"固定程序"列表中的项目固定显示在"开始"菜单中，便于用户快速打开其中的程序。用户可以根据需要在列表中添加相应的项目。

（2）"常用程序"列表

"常用程序"列表通常会根据用户的操作习惯逐渐列出最常用的几个应用程序，以方便使用。

（3）"所有程序"列表

"所有程序"列表可以让用户查找到系统中安装的所有程序。在"开始"菜单中，将鼠标指针指向"所有程序"列表并停留片刻，或者单击"所有程序"列表，即可切换到"所有程序"子菜单中，用于启动各种应用程序。"所有程序"列表中以文件夹形式出现的程序表示该项中还包含若干子菜单项。单击文件夹，系统将自动打开其子菜单项，如图 2-17 所示。

（4）搜索框

搜索框为所有应用程序、数据和计算机设置提供了快捷和轻松的访问点。只需在搜索框中输入少许字母，就会显示匹配的文档、图片、音乐、电子邮件和其他文件的列表。所有内容都排列在相应的类别下。

（5）"启动"菜单

使用"启动"菜单中的项目可以快速打开相应的文件夹和窗口；也可以添加或删

除出现在"开始"菜单右侧的项目，如计算机、控制面板和图片；还可以更改一些项目，以使它们显示如链接或菜单等。在"开始"菜单中的任意空白位置右击鼠标，然后选择"属性"选项，打开"任务栏和开始菜单属性"对话框，再在"开始菜单"选项卡中单击"自定义"按钮，在弹出的"自定义开始菜单"对话框中选择所需选项即可。

（6）"关闭选项"按钮区

"关闭选项"按钮区包含"关机"按钮 和"关闭选项"按钮 。单击"关闭选项"按钮，弹出"关闭选项"下拉列表，其中包含"切换用户"、"注销"、"锁定"、"重新启动"和"睡眠"等选项，如图 2-18 所示。

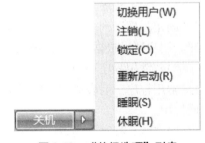

图 2-17 "所有程序"列表   图 2-18 "关闭选项"列表

①切换用户：可以在打开应用程序的情况下切换用户。

②注销：注销后，其他用户可以登录而无需重新启动计算机。此外，无须担心因其他用户关闭计算机而丢失自己的信息。

③锁定：可以帮助用户锁定计算机，不被他人操作。

④重新启动：首先退出 Windows 7 操作系统，然后重新启动计算机。

⑤睡眠：首先退出 Windows 7 操作系统，再进入"睡眠"状态。此时，除部分控制电路工作外，其他电源自动关闭，使计算机进入低功耗状态。要使计算机恢复原来的工作状态，移动或单击鼠标，或在键盘上按任意键即可。

⑥休眠："休眠"是一种主要为笔记本电脑设计的电源节能状态。"睡眠"通常会将工作和设置保存在内存中并消耗少量的电量；"休眠"则将打开的文档和程序保存到

硬盘中，然后关闭计算机。在 Windows 使用的所有节能状态中，"休眠"使用的电量最少。对于笔记本电脑，如果用户知道将有很长一段时间不使用它，并且在那段时间不可能给电池充电，应采用"休眠"模式。

2.2　案例 1——管理文件及文件夹

文件是存储在计算机存储介质上的相关信息的集合，文件夹是系统组织和管理文件的一种形式。资源管理器可以以分层的方式显示计算机内所有文件的详细图表，使用资源管理器可以更方便地实现浏览、查看、移动和复制文件或文件夹等操作，不必打开多个窗口，只在一个窗口中就可以浏览所有的磁盘和文件夹。

2.2.1　案例及分析

1. 案例

打开"资源管理器"窗口，在 D：盘上创建一个名为"练习"的文件夹，然后在"练习"文件夹内分别创建名为"WORD"、"EXCEL"和"工作"的文件夹，再在"WORD"文件夹内新建名为"基础"的 WORD 文档，在"工作"文件夹中创建名为"图片"的文件夹。复制名为"基础"的文档到"工作"文件夹中，并将其重命名为"计划"，设置文件属性为"只读"；将"WORD"文件夹移动到"工作"文件夹中；在 C：盘查找所有后缀名为".JPG"的文件，并将其复制到"图片"文件夹。删除"练习"文件夹中的"EXCEL"文件夹，并清空回收站。

2. 案例分析

通过本案例的学习，掌握如何管理文件及文件夹，学习对文件及文件夹进行移动、复制、粘贴和删除的方法，能够设置文件夹的属性。

2.2.2　操作步骤

①在任务栏中单击"资源管理器"按钮，打开"Windows 资源管理器"对话框，然后在右侧空格单击 D：盘。

②右击 D：盘窗口中的空白处，在弹出的快捷菜单中选择"新建"→"文件夹"命令，如图 2-19 所示，即可在窗口中创建一个名为"新建文件夹"的文件夹，键入"练习"后按回车键。

③双击打开"练习"文件夹，然后采用第②步的方法，在"练习"文件夹中分别新建名字为"WORD"、"EXCEL"和"工作"的文件夹。

④双击打开"WORD"文件夹，在空白处右击，在弹出的快捷菜单中选择"新建"→"Microsoft Word 文档"命令，输入文件名"基础"后按回车键。

⑤双击打开"工作"文件夹，在空白处右击，在弹出的快捷菜单中选择"新建"→"文件夹"命令，输入"图片"后按回车键。

⑥双击打开"WORD"文件夹，右击"基础"文档，在弹出的快捷菜单中选择"复制"命令。打开"工作"文件夹，右击，在弹出的快捷菜单中选择"粘贴"命令。

图 2-19　新建文件夹

 小提示

在复制文件或文件夹时，若源文件或文件夹与目标文件夹位于同一磁盘中，在拖动时按住 Ctrl 键即可复制；若源文件或文件夹与目标文件夹不在同一磁盘中，可将源文件或文件夹直接拖动到目标文件夹中。

⑦右击"基础"文档，在弹出的快捷菜单中选择"重命名"命令，输入"计划"后按回车键。右击"计划"文档，在弹出的快捷菜单中选择"属性"命令，如图 2-20 所示，选中"只读"复选框，然后单击"确定"按钮。

⑧在"练习"文件夹中，右击"WORD"文件夹，在弹出的快捷菜单中选择"剪切"命令。打开"工作"文件夹，右击，在弹出的快捷菜单中选择"粘贴"命令。

⑨在地址框中选择 C：盘，然后在搜索框中输入"＊.jpg"，计算机开始搜索 C：盘中所有后缀名为 .jpg 的文件，如图 2-21 所示。

⑩选择"编辑"→"全选"命令，或者使用 Ctrl＋A 快捷键，选择所有文件；选择"编辑"→"复制"命令，或者使用 Ctrl＋C 快捷键，复制所有文件；打开"图片"文件夹，在空白处右击，在弹出的快捷菜单中选择"粘贴"命令，或者使用 Ctrl＋V 快捷键，将文件复制到"图片"文件夹中。

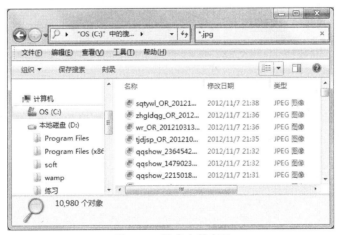

图 2-20 文件属性对话框

图 2-21 搜索文件窗口

小提示

在搜索文件或文件夹时，单击搜索框会弹出下拉"搜索筛选器"菜单，如图 2-22 所示，根据需求可选择文件的修改日期或大小进行搜索。

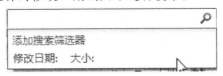

图 2-22 "搜索筛选器"菜单

⑪在"练习"文件夹中，右击"EXCEL"文件夹，在弹出的快捷菜单中选择"删除"命令，然后在弹出的对话框中单击"确定"按钮。双击桌面上的"回收站"图标，打开"回收站"窗口，如图 2-23 所示，然后单击"清空回收站"按钮。

图 2-23 "回收站"窗口

小提示

选择文件或文件夹后，按快捷键 Shift+Delete 可以直接将文件或文件夹彻底删除。

2.2.3 相关知识

1. 资源管理器

Windows 7 的资源管理器有了全新的改进，图 2-24 所示为资源管理器界面，也就是"计算机"或"我的电脑"的界面。

图 2-24 资源管理器窗口

（1）地址栏

Windows 7 默认的地址栏用"按钮"取代了传统的纯文本方式，并且在地址栏周围找不到传统资源管理器中的"向上"按钮，而仅有"前进"和"后退"按钮。

如图 2-25 所示，当前目录为"C：\ Windows \ Font"，此时地址栏中有 4 个按钮，依次为"计算机"、"本地磁盘（C）"、"Windows"和"Font"。各级文件夹按钮前都有一个"小箭头"，单击"小箭头"即可实现跳转。

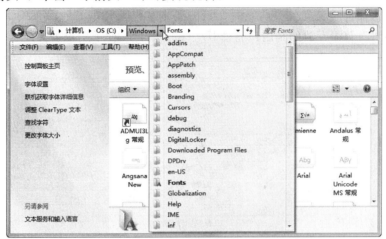

图 2-25　通过地址栏按钮快速实现目录跳转

（2）搜索框

Windows 7 的资源管理器将搜索框"搬"到了表面，便于用户使用搜索功能。

（3）工具栏

在 Windows 7 中打开不同的窗口或者选中不同类型的文件时，工具栏中的按钮会发生变化，但有三项始终不变，分别是"组织"按钮、"视图"按钮和"展开预览窗格"按钮。"组织"按钮的菜单中包含的功能有剪切、复制、属性以及"文件夹和搜索选项"，如图 2-26 所示。如果需要改变图标的大小，单击"视图"按钮 快速切换，如图 2-27 所示。

图 2-26　"组织"按钮菜单

图 2-27　"视图"按钮菜单

（4）导航窗格

在 Windows 7 中，资源管理器左侧的导航窗格内提供了"收藏夹"、"库"、"家庭组"、"计算机"以及"网络"节点，用户可以通过这些节点快速切换到需要跳转到的目录。其中，"收藏夹"的功能不同于 IE 浏览器的收藏夹，它的作用是允许用户将常用的文件夹以链接的形式加入此节点，方便用户快速访问常用文件夹。"收藏夹"中预置了几个常用的目录链接，如"下载"、"桌面"、"最近访问的位置"等，如图 2-28 所示。当需要添加自定义文件夹收藏时，只需要将文件夹拖拽到收藏夹的图标上即可。新增的"下载"目录存放的是用户通过 IE 下载的文件，便于用户集中管理。

图 2-28　"收藏夹"窗口

（5）详细信息栏

详细信息栏为用户提供了更丰富的文件信息，并且可以直接在此修改文件信息和属性并添加标记，如图 2-29 所示。

图 2-29　详细信息栏

2. 库

在 Windows 7 中，"库"的地位要高于"计算机"和系统预置用户个人媒体文件夹。"库"自身并不能作为文件夹将数据存放于其根目录，它只是一个抽象的组织条件，将类型相同的文件目录归为一类。当用户通过"库"访问"视频"、"图片"以及"音乐"等条件相同的文件夹集合时，会看到用户个人媒体文件夹和系统公用媒体文件夹。利用"库"功能将存放在不同位置的文件夹加入到对应类型的"库"中，可以方便地在"开始"菜单中快速访问，无须再使用资源管理器层层查找。

将文件夹添加到库的方法是：在目标文件夹图标上右击，然后在快捷菜单"包含到库中"子菜单中选择对应的"库"即可。

如果在 Windows 7 中，"库"功能的默认分类无法满足需求，可以在资源管理器导航窗格的"库"节点进入"库"功能的根目录，然后在空白区域右击，再选择"新建"→"库"命令，最后输入库名称，如图 2-30 所示。

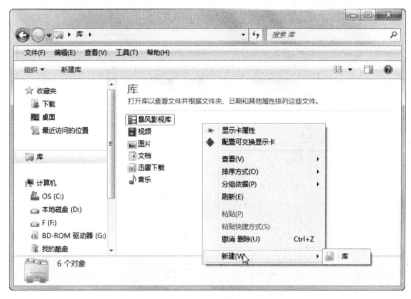

图 2-30　"库"窗口

3. 选择文件或文件夹

想要对文件或文件夹进行操作，首先将该文件或文件夹选定。常见的选定文件或文件夹的方法有以下几种。

(1) 选定单个文件或文件夹

用鼠标单击要选定的文件或文件夹，被选定的文件或文件夹以蓝底白字形式显示。如果要取消选择，单击被选定文件或文件夹外的任意位置即可。

(2) 选定全部文件或文件夹

在资源管理器中单击工具栏中的"组织"按钮，然后在弹出的下拉菜单中选择"全选"命令，或"编辑"菜单中的"全选"命令，或直接按快捷键 Ctrl＋A，即可选定当前窗口中的所有文件或文件夹。

(3) 选定相邻的文件或文件夹

要想选择多个相邻的文件或文件夹，将鼠标指针移动到要选定范围的一角。按住鼠标左键不放进行拖动，将出现一个浅蓝色的半透明矩形框。用矩形框框选所需要的文件或文件夹后释放鼠标左键，即可选中所有矩形框内的文件或文件夹。

(4) 选定多个连续的文件或文件夹

要选定多个连续的文件或文件夹，首先用鼠标左键单击第一个文件或文件夹，然后按住 Shift 键不放，再单击要选中的最后一个文件或文件夹即可。

(5) 选定多个不相邻的文件或文件夹

首先选中一个文件或文件夹，然后按住 Ctrl 键不放，再依次单击所要选择的文件或文件夹，可以选择多个不相邻的文件或文件夹。

4. 文件夹选项设置

选择"组织"→"文件夹和搜索选项"命令，将弹出"文件夹选项"对话框。单击"查看"选项卡，如图 2-31 所示。在"高级设置"列表框中，可对文件和文件夹进行多项设置。

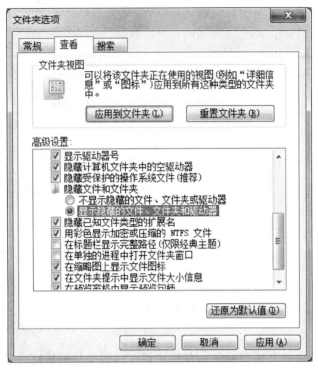

图 2-31　"文件夹选项"对话框

2.2.4　上机实训

1. 实训目的

练习管理计算机中的文件和文件夹。通过练习，掌握文件和文件夹的选取、打开、新建、复制、移动、删除以及恢复等操作。

2. 实训内容

①使用资源管理器，在 D：盘建立如图 2-32 所示的文件夹结构。

②在"B1"文件夹中新建一个 Word 文档，起名为"作业.doc"。

③将"B1"文件夹中的文件"作业.doc"复制到"C1"文件夹内。

④将"B2"文件夹移动到"C1"文件夹内。

⑤将"B1"文件夹的属性设为"只读"。

图 2-32　要建立的文件夹

⑥将"C1"文件夹重命名为"lx"。

⑦清空回收站中的所有文件。

⑧在资源管理器中，在 D：盘创建一个名为"MyFile"的文件夹。在此文件夹下，建立两个子文件夹"我的文本"和"我的图片"。

⑨将文本文件"会议通知"移动到"MyFile"文件夹中。

⑩删除文本文件"会议通知"，然后从回收站将其还原。

⑪将文本文件"会议通知"更名为"重要通知"。

⑫将"重要通知"设置为"隐藏"属性。

2.3　案例 2——个性化环境设置

对计算机环境进行个性化设置，包括设置桌面背景、屏幕保护和显示外观，以及任务栏和"开始"菜单的设置。

2.3.1　案例及分析

1. 案例

更改计算机的桌面背景；将"计算机"图标显示在桌面上；将任务栏中打开程序的显示方式设置为"当任务栏被占满时合并"；在任务栏的跳转列表中不显示最近打开过的文件；将屏幕保护程序设置为"照片"，显示"图片"文件夹中的图片，等待时间为 10 分钟。

2. 案例分析

通过本案例的学习，能够对计算机进行个性化环境设置，能够掌握桌面背景及图标的设置，掌握任务栏和"开始"菜单的设置及屏幕保护程序的设置。

2.3.2　操作步骤

①右击桌面空白处，在弹出的快捷菜单中选择"个性化"命令；或单击"开始"按钮，然后选择"控制面板"→"外观和个性化"→"更改桌面背景"命令，打开"选择桌面背景"对话框，如图 2-33 所示。

图 2-33　"选择桌面背景"对话框

②在"背景"列表框中可选择一幅喜欢的背景图片，在选项卡的显示器中将显示该图片作为背景的效果；也可以单击"浏览"按钮，然后在本地磁盘或网络中选择其他图片作为桌面背景。在"图片位置"下拉列表中有"填充"、"适应"、"拉伸"、"居中"和"平铺"五种选项，用于调整背景图片在桌面上的位置。

③右击桌面任意空白处，在弹出的快捷菜单中选择"个性化"命令，然后在打开的窗口中选择"更改桌面图标"命令，打开如图 2-34 所示的"桌面图标设置"对话框。选择"计算机"复选框，然后单击"确定"按钮，"计算机"图标将显示在桌面上。

④在任务栏的空白处右击选择"属性"命令，或者选择"控制面板"→"外观和个性化"→"任务栏和开始菜单"命令，打开"任务栏和开始菜单属性"对话框，单击"任务栏"选项卡，将"任务栏"按钮的选项设置为"当任务栏被占满时合并"，如图 2-35 所示，然后单击"确定"按钮。

⑤跳转列表就是最近使用的列表，是 Windows 7 的特色。在任务栏的程序上右击，最近通过这个程序打开的文档会全部显示出来，如图 2-36 所示。如果要关闭跳转列表的功能，打开"任务栏和开始菜单属性"对话框，然后单击"开始菜单"选项卡，将"要显示在跳转列表中的最近使用的项目数"微调框的数值设为"0"，如图 2-37 所示。

图 2-34　"桌面图标设置"对话框

图 2-35　"任务栏和开始菜单属性"对话框

图 2-36　跳转列表

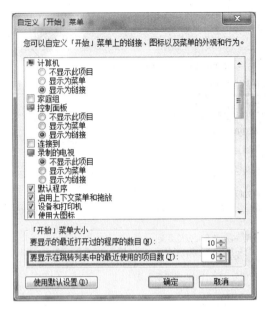

图 2-37　"自定义开始菜单"对话框

⑥要设置屏幕保护，打开控制面板，然后选择"外观和个性化"→"更改屏幕保护程序"命令，打开"屏幕保护程序设置"对话框，如图 2-38 所示。选择"屏幕保护程序"为"照片"，然后单击"设置"按钮，打开"照片屏幕保护设置"对话框，如图 2-39所示。单击"浏览"按钮，选择显示图片的文件夹为"图片"，然后单击"保存"按钮。最后，单击"确定"按钮。

图 2-38　"屏幕保护程序设置"对话框

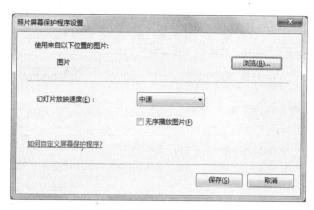

图 2-39　"照片屏幕保护程序设置"对话框

2.3.3　相关知识

1. 使用桌面小工具

在 Windows 7 系统中提供了桌面的小工具，使用方法如下：

①在桌面上右击，在弹出的快捷菜单中选择"小工具"选项，将弹出"小工具库"窗口，其中列出了系统自带的多个小工具，如图 2-40 所示。

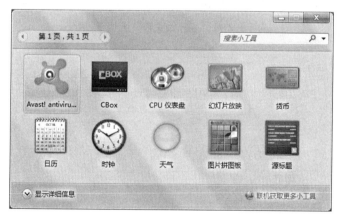

图 2-40　"小工具库"窗口

②直接双击某个小工具，即可将其添加到桌面上。

③也可通过在"小工具库"窗口中单击"联机获取更多小工具"链接，自动转到相应的网页中，获取更多小工具。

2. "开始"菜单属性设置

在 Windows 7 中，几乎所有的操作都可以通过"开始"菜单来实现。为了使"开始"菜单更加符合用户自己的使用习惯，可以对其进行相应的设置。在"开始"按钮上右击，然后选择"属性"命令，弹出"任务栏和开始菜单属性"对话框，再单击"开始菜单"选项卡，如图 2-41 所示。单击"自定义"按钮，打开"自定义开始菜单"对话框，如图 2-42所示，可以对"开始"菜单的固定程序列表、常用程序列表等进行个性化设置。

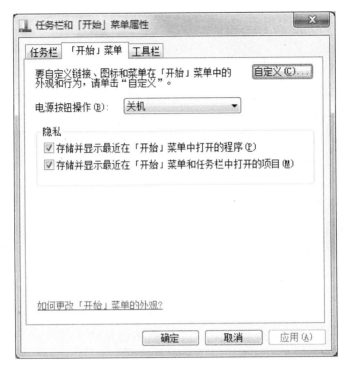

图 2-41 "开始菜单"选项卡

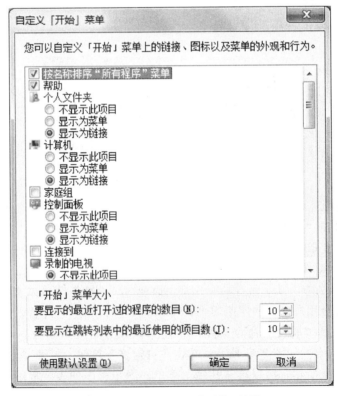

图 2-42 "自定义开始菜单"对话框

小提示

有关其他个性化设置，可打开控制面板，然后选择"外观和个性化"命令，打开"外观和个性化"窗口，从中选择相应的命令进行设置，如图 2-43 所示。

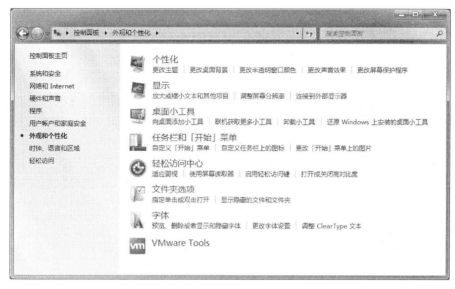

图 2-43　"外观和个性化"窗口

2.3.4　上机实训

1．实训目的

掌握桌面、任务栏和"开始"菜单的设置方法。

2．实训内容

①将 QQ 程序放到"开始"菜单的固定程序栏中。

②设置任务栏为"自动隐藏"和"不在任务栏上显示'时钟'"。

③设置在任务栏中显示小图标。

④在桌面上添加时钟小工具。

⑤将一幅图片设置为桌面背景。

2.4　案例 3——管理与控制 Windows 7

控制面板是 Windows 7 操作系统的重要组成部分，它为用户提供丰富的专门用于更改 Windows 的外观和行为方式的工具。有些工具可帮助用户调整计算机设置，使操作计算机更加有趣。管理 Windows 7 除了掌握控制面板的使用外，还需要掌握对磁盘的管理与控制。

2.4.1　案例及分析

1．案例

安装搜狗拼音输入法；将 Skype 程序卸载；将一体机三星 SCX-4x21Series 打印机

驱动程序安装到计算机上。

2．案例分析

通过本案例的学习，掌握软件管理及硬件的安装过程。

2.4.2 操作步骤

1．安装搜狗拼音输入法

①双击搜狗输入法的安装文件，弹出"打开文件-安全警告"对话框。单击"运行"按钮，进入软件的安装向导。在如图 2-44 所示的界面中，单击"快速安装"按钮，也可以选择自定义安装。

②软件安装完成后，如图 2-45 所示，用户可以选择复选框中的选项，启动设置向导。安装并设置成功后，用户就可以直接使用该输入法了，也可单击"完成"按钮。

2．Skype 程序卸载

①删除应用程序时，不要直接删除目标文件夹。如果软件带有卸载程序，可通过执行卸载程序删除应用程序。对于没有卸载程序的软件，可以通过控制面板的"添加或删除程序"来删除应用程序。选择"控制面板"→"程序"→"卸载"命令，打开"卸载或更改程序"对话框，如图 2-46 所示。

②在列表中选择 Skype 程序，然后单击"卸载"按钮，将弹出如图 2-47 所示的选项卡，询问是否使用卸载向导。单击"是"按钮后，系统将删除程序。

图 2-44　指定安装软件的目标文件夹

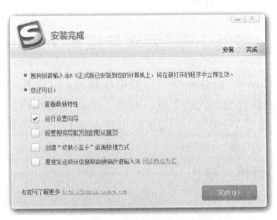

图 2-45　启动设置向导窗口

图 2-46　"卸载或更改程序"窗口

图 2-47　询问是否卸载程序选项卡

3. 安装打印机驱动程序

①选择"开始"→"设备和打印机"命令，打开"设备和打印机"窗口，如图 2-48 所示。单击"添加打印机"命令按钮，打开"添加打印机"窗口，如图 2-49 所示。

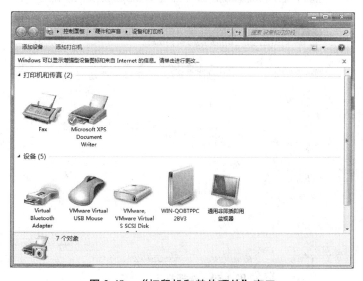

图 2-48　"打印机和其他硬件"窗口

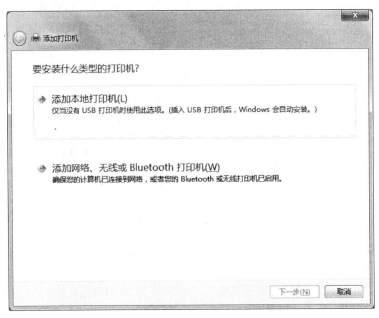

图 2-49   "添加打印机向导"欢迎窗口

②选择"添加本地打印机"选项，再选择相应的连接打印机的端口，如图 2-50 所示。通常，打印机使用 LPT1 口（并口）或 USB 端口。单击"下一步"按钮，在"厂商"列表中选择打印机厂商，再在"打印机"列表中选择对应的打印机型号，如图 2-51 所示。若没有所安装的型号，则单击"从磁盘安装"按钮，然后选择驱动程序，完成打印机驱动程序的安装，安装完毕后会出现一个打印机图标，如图 2-52 所示。

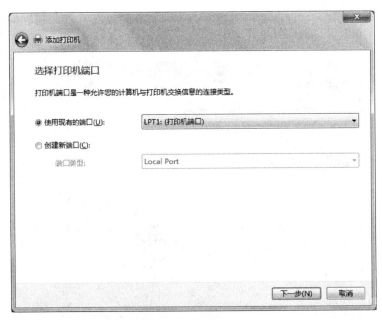

图 2-50   选择打印机端口

图 2-51　"安装打印机驱动程序"窗口

图 2-52　安装打印机驱动程序完成

小提示

打印机驱动程序也可通过打开安装光盘，然后双击 Setup.exe 文件进行安装。

2.4.3　相关知识

1. 应用程序管理

Windows 平台的应用程序数量庞大，每款应用程序的安装程序不尽相同，但安装流程的典型环节为：选择安装路径；阅读许可协议；组件选择；附加选项。

对于安装路径的选择，在一般情况下，安装程序默认指向"C：\ Program Files"目录。用户在更改安装路径时，最稳妥的做法是将 C：盘改为 D：盘，后面的路径默认不变。对于小型软件，在安装前要了解当前版本所兼容的 Windows 版本，避免兼容性问题。对于 Intel x58 平台的用户，往往配备了 3～6GB，甚至更大的物理内存，因此在操作系统架构方面必须选择 64 位 Windows 7 版本，才能识别和利用所有物理内存。如果是能够运行在 32 位 Windows 7 中的应用程序，同样能很好地运行在 64 位环境中，因为目前的 64 位 Windows 操作系统同时具备了 32 位的系统核心。

2．设置打印机共享

如果多台计算机共用一台打印机，可设置打印机共享，设置步骤为：右击打印机，在弹出的快捷菜单中选择"属性"命令，打开打印属性对话框。选择"共享"选项卡，然后选中"共享这台打印机"复选框，再单击"确定"按钮，如图 2-53 所示。

图 2-53　设置打印机共享

2.4.4　上机实训

1．实训目的

学习使用控制面板对计算机进行基本的系统设置，如添加打印机、添加/删除程序等。

2．实训内容

①下载"千千静听"软件并安装。

②使用控制面板窗口的"添加或删除程序"来删除"千千静听"软件。

2.5　案例 4——磁盘维护与系统还原

2.5.1　案例及分析

1. 案例

可移动磁盘的空间不足或有病毒且无法删除时,需要对其格式化;计算机经过长期使用,磁盘文件较凌乱,对其 C:盘进行清理,再进行碎片整理;手动创建一个还原点,并完成系统还原。

2. 案例分析

为了保护数据安全,提高磁盘性能,需要对系统进行磁盘维护和系统还原操作。通过本案例的学习,掌握计算机磁盘格式化的方法,以及如何对计算机磁盘进行清理和碎片整理,以节省更多的磁盘空间;掌握系统还原的方法。

2.5.2　操作步骤

1. 格式化可移动磁盘

右击可移动磁盘,在弹出的快捷菜单中选择“格式化”命令。在弹出的“格式化可移动磁盘”对话框中,对格式化选项进行设置,如图 2-54 所示。为了全面格式化磁盘,不要选中“快速格式化”复选框,直接单击“开始”按钮。

系统开始格式化,并出现一个进度条,显示工作进度百分比。待格式化完成后弹出“格式化完毕”的信息框,然后单击“确定”按钮。可以通过查看已被格式化的可移动磁盘的属性,来查看格式化后的情况。

2. 磁盘清理

选定要清理的磁盘的图标,然后右击,在弹出的快捷菜单中选择“属性”命令,打开“属性”对话框,如图 2-55 所示,其中显示出已用空间、可用空间及磁盘容量等信息。单击“磁盘清理”按钮,系统计算可清理的磁盘空间,如图 2-56 所示。

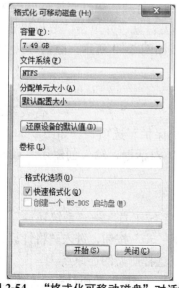

图 2-54　“格式化可移动磁盘”对话框

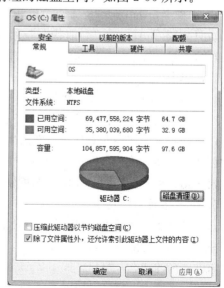

图 2-55　C:盘的属性窗口

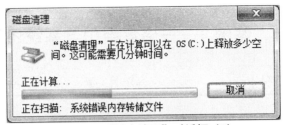

图 2-56　"磁盘清理"对话框（1）

磁盘清理计算完成后，打开"磁盘清理"对话框，如图 2-57 所示。在"要删除的文件"列表中，选中要删除文件的复选框，然后单击"确定"按钮，系统打开"磁盘清理"确认删除对话框。单击"是"按钮，确认删除，系统开始磁盘清理。

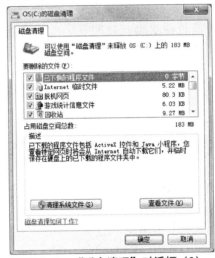

图 2-57　"磁盘清理"对话框（2）

3. 磁盘碎片整理

右击 C：盘，在弹出的快捷菜单中选择"属性"命令，然后在打开的对话框中选择"工具"选项卡，再单击"立即进行碎片整理"按钮，打开"磁盘碎片整理程序"对话框，如图 2-58 所示。在"当前状态"列表中选择 C：盘，并单击"分析磁盘"命令，系统开始对 C：盘进行分析和磁盘碎片整理操作，如图 2-59 所示。磁盘碎片整理操作完成后，单击"关闭"按钮。

4. 手动创建一个系统还原点

选择"开始"→"控件面板"→"系统和安全"→"系统"→"高级系统设置"命令，打开"系统属性"对话框，然后单击"系统保护"选项卡，如图 2-60 所示。单击"创建"按钮，出现如图 2-61 所示"系统保护"对话框，输入创建还原点的相关描述，再单击"创建"按钮，系统开始创建还原点。

5. 还原系统

选择"开始"→"所有程序"→"附件"→"系统工具"→"系统还原"命令，打开"系统还原"对话框，如图 2-62 所示。单击"下一步"按钮，进入"将计算机还原到所选事件之前的状态"窗口，如图 2-63 所示，可以选择所需的还原点。单击"下一步"，打开"确认还原点"窗口，如图 2-64 所示，然后单击"完成"按钮，系统开始还原。

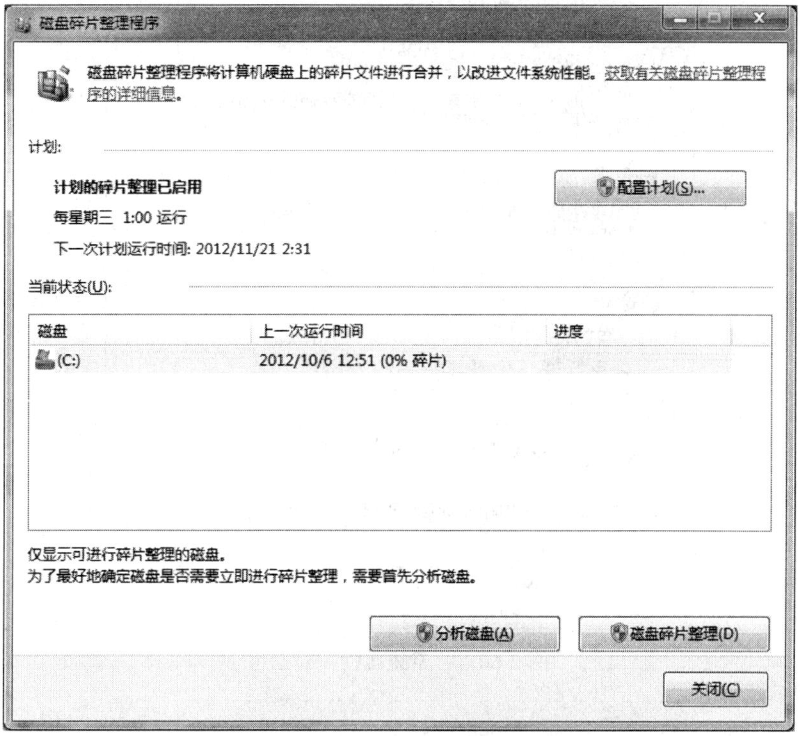

图 2-58　“磁盘碎片整理程序”对话框

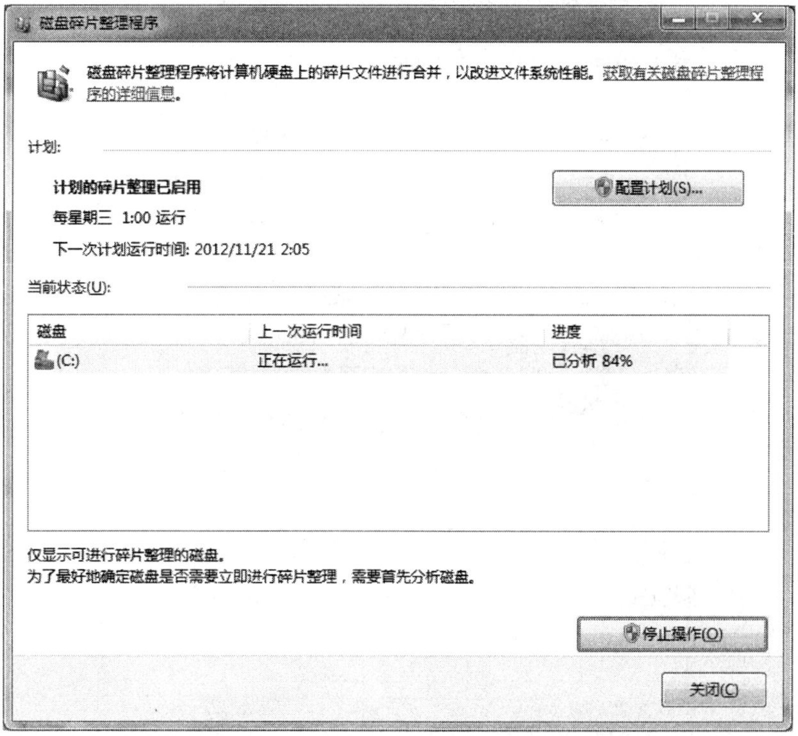

图 2-59　正在进行磁盘碎片整理程序

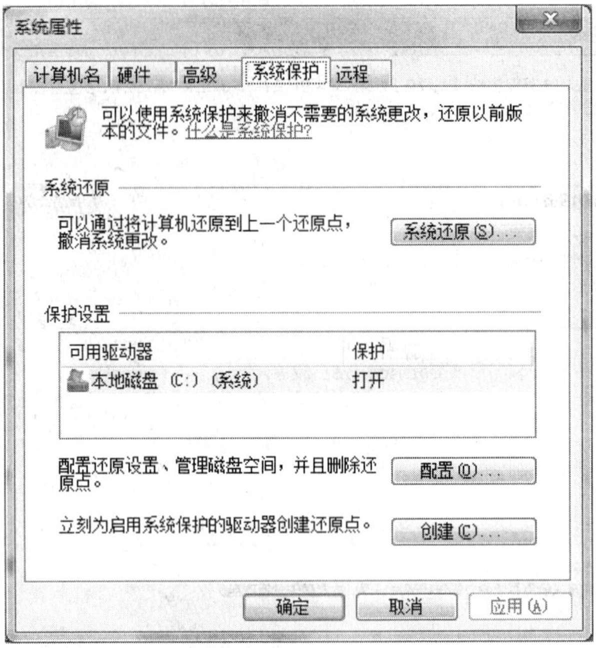

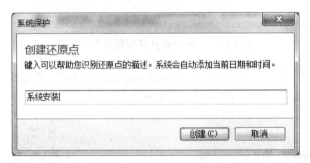

图 2-60   "系统属性"对话框

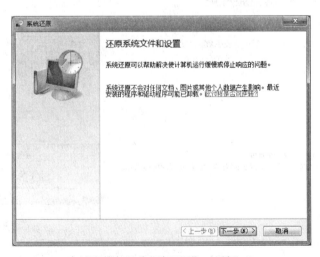

图 2-61   "系统保护"对话框

图 2-62   "系统还原"对话框

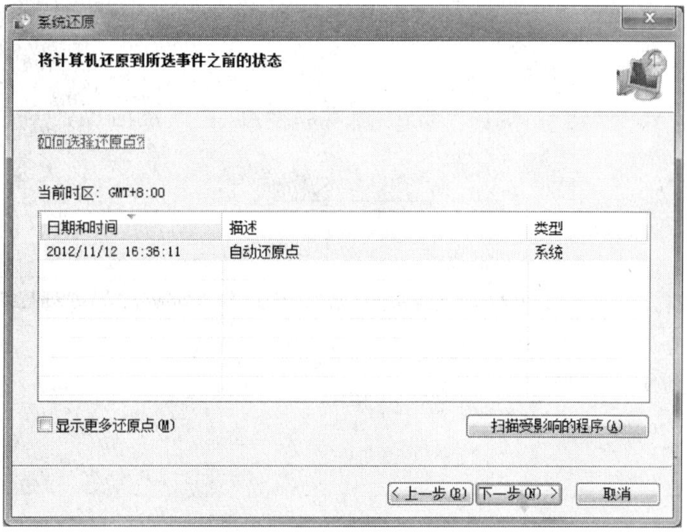

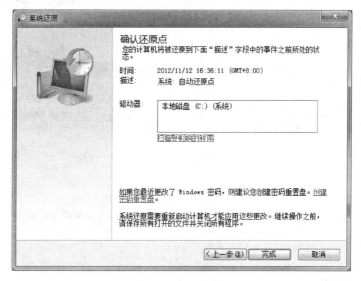

图 2-63　选择还原点

图 2-64　确认还原点

2.5.3　相关知识

很多原装机、笔记本电脑在出厂状态下，只有一个可使用的分区，而且预装 Windows 7 系统。使用系统自带的硬盘分区工具可以完成硬盘分区操作。

①选择"控制面板"→"系统和安全"→"管理工具"→"创建并格式化分区"命令，打开"磁盘管理"窗口，如图 2-65 所示。右击 C：盘，选择"压缩卷"命令，如图 2-66 所示。

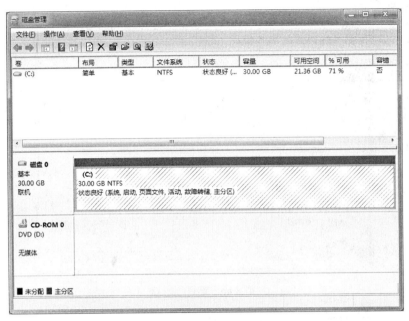

图 2-65　"磁盘管理"窗口

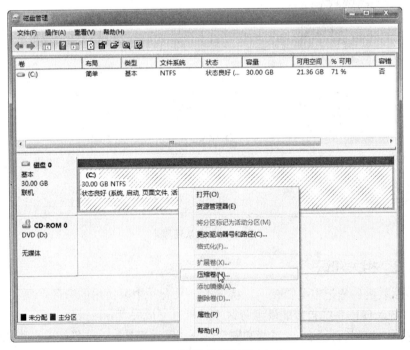

图 2-66　选择"压缩卷"命令

②系统检查可调整的分区大小后显示 C：盘的相关信息，即可以调整 C：盘大小了。如果用户想将 C：盘调整到 20GB，由于 30718－20×1024＝10238，在"输入压缩空间量"输入"10238"，然后单击"压缩"按钮，完成调整，如图 2-67 所示。

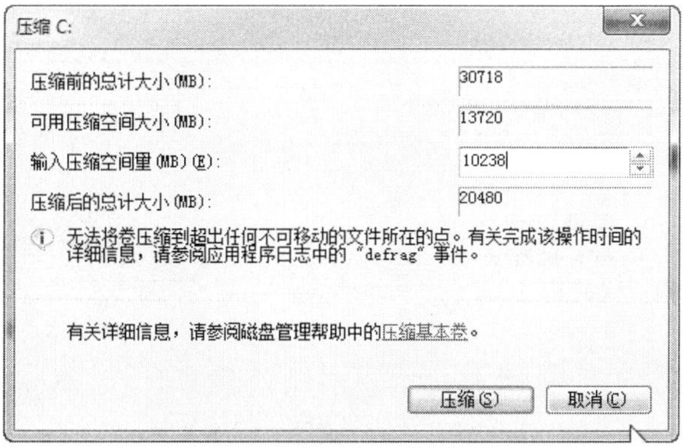

图 2-67　"压缩 C:"对话框

③磁盘多出了一个未分配的分区。新分区就是在此未分配的区域中进行。下面就可以扩展分区了。右击未分配的分区，然后选择"新建简单卷"命令，如图 2-68 所示，进入"新建简单卷向导"窗口，如图 2-69 所示。

④出现"指定卷大小"对话框，如图 2-70 所示。在"简单卷大小"里输入要创建的分区大小。单击"下一步"按钮，出现下一个对话框，在这里输入要新建分区的驱动器号，如图 2-71 所示。

图 2-68　选择"新建简单卷"命令

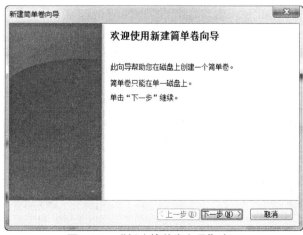

图 2-69　"新建简单卷向导"窗口

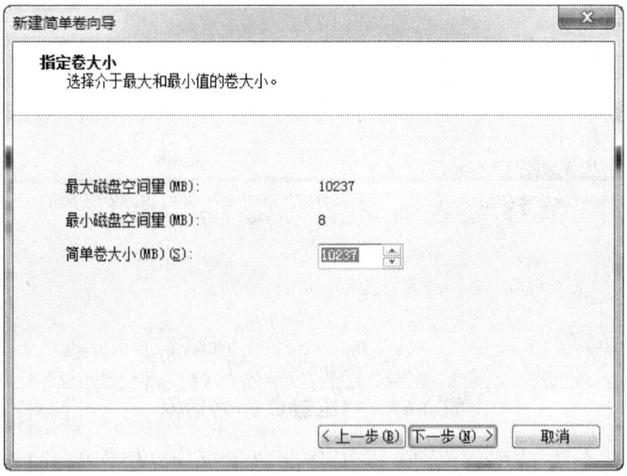

图 2-70 "指定卷大小"对话框

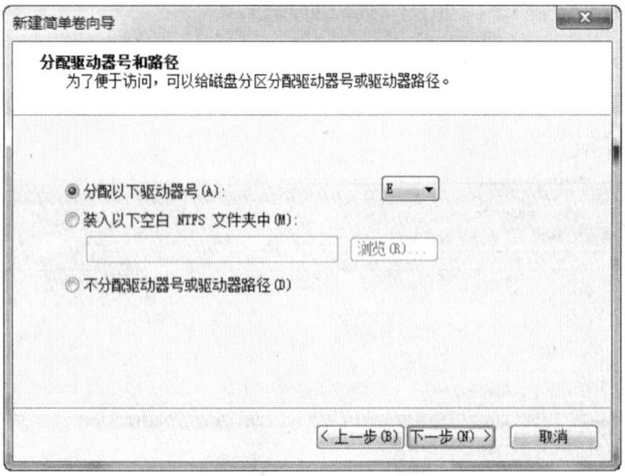

图 2-71 "分配驱动器号和路径"对话框

⑤在"格式化分区"对话框中，设置"卷标"名称，也可为空，如图 2-72 所示。单击"下一步"按钮，系统进入分区操作。几秒钟后分区完成，显示如图 2-73 所示的信息，然后单击"完成"按钮，完成分区操作。

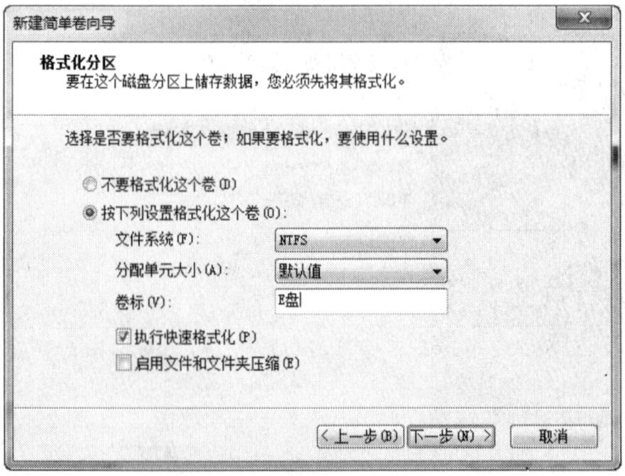

图 2-72 "格式化分区"对话框

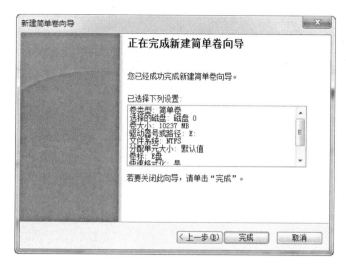

图 2-73　"正在完成新建简单卷向导"对话框

2.5.4　上机实训

1. 实训目的

掌握磁盘管理操作，掌握系统还原的操作。

2. 实训内容

①对本地硬盘 E：盘进行磁盘清理。

②对 U 盘进行碎片整理操作。

③手动设置还原点。

2.6　案例 5——用户管理

在 Windows 中可以创建多个用户账户。当多个用户使用同一台计算机时，可以保留各自不同的环境设置。也就是说，以不同的用户账户登录后，其桌面、"开始"菜单的设置、"我的文档"中的内容均不相同。

2.6.1　案例及分析

1. 案例

添加一个新的标准用户，用户名为"student"，设置密码为"1234"。然后，切换当前用户到 student 用户。

2. 案例分析

通过本案例的学习，掌握如何设置新用户账户，并对其进行密码设置；掌握切换用户的方法。

2.6.2　操作步骤

①单击控制面板窗口的"用户账户和家庭安全"中的"添加或删除用户账户"命令，打开"用户账户"窗口，然后单击"创建一个新账户"命令，如图 2-74 所示。

图 2-74　"用户账户"窗口

②输入新账户名"student"，并选择账户类型为"标准用户"，如图 2-75 所示。单击"创建新账户"按钮，创建一个标准用户。

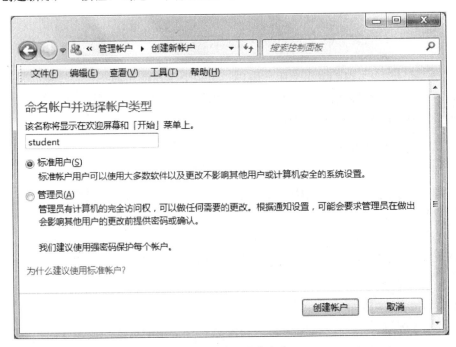

图 2-75　输入账户名称

③在"用户账户"窗口中，单击"student"用户链接，再单击"创建密码"链接，如图 2-76 所示。

图 2-76 "更改账户"窗口

④如图 2-77 所示，输入两次密码"1234"，并单击"创建密码"按钮，则为用户 student 设置了登录密码"1234"。

⑤在图 2-76 所示的更改用户窗口中，选择"更改图片"命令，出现如图 2-78 所示的为用户选择图片的对话框。选择一张系统提供的图片，或者单击"浏览更多图片"选择一张图片，再单击"更改图片"按钮，完成对用户图像的更改。

⑥单击"开始"菜单中的"切换用户"命令，然后单击"student"用户。

图 2-77 "创建密码"窗口

图 2-78　为账户选择图片

2.6.3　相关知识

1. Windows 7 中的用户账户类型

在 Windows 7 中共有以下 3 种用户账户类型：

①管理员账户：管理员账户是用户账户的"老大"，使用它可以访问计算机中的所有文件，并且可以对其他用户账户进行更改，对操作系统进行安全设置，完成安装软件和硬件等操作。

②标准用户账户：利用标准用户账户可以使用计算机中的大部分功能。当要进行可能影响到其他用户账户或操作系统安全等的操作时，需要经过管理员账户的许可。

③来宾账户：来宾账户是系统自带的，无须创建。使用来宾账户不能访问个人账户文件夹，不能进行安装软件和硬件、创建密码和更改设置等操作，它主要供在该台计算机上没有固定账户的来宾使用。

2. 设置 Windows 自动登录

虽然在家庭环境中可能并不需要为账户设置登录密码，但一些功能需要账户密码才能够继续执行，如远程桌面和传统方式的局域网共享。这时可以设置 Windows 自动登录，免去在欢迎界面输入账户密码的环节。以前面建立的账户"student"为例，具体操作方法如下。

在"开始"菜单搜索框中输入"netplwiz"，然后单击搜索结果中的"netplwiz"，打开如图 2-79 所示的对话框。选中"student"，并取消"要使用本机，用户必须输入用户名和密码"复选框，再单击"确定"按钮。

小提示

Netplwiz 是系统文件 Netplwiz.dll 的文件名，作用是打开高级用户账户控制面板，设置登录系统时相关的安全选项。

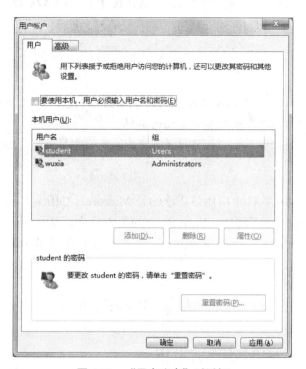

图 2-79　"用户账户"对话框

2.6.4　上机实训

1. 实训目的

Windows 7 是一个多用户操作系统，掌握添加用户账户的方法，能够为用户账户添加密码，设置用户图标。

2. 实训内容

①添加一个新的管理员用户，用户名为"teacher"，设置密码为"abcd"，并为该用户设置一个图标。

②先以 teacher 用户身份登录系统，再切换到 student 用户。

③启用来宾账户，以便在该计算机上没有用户账户的人可以使用计算机。

第3章 文字处理软件 Word 2010

目标：①了解 Office 2010 的特点及组成；②掌握 Word 2010 文档编辑、图文排版
的基本操作，以及表格和长文档的编辑操作。
重点：图文混排、表格、长文档编辑操作。

目前，办公自动化软件中应用最广泛的是 Microsoft Office 系列软件，本章主要通
过实例操作来介绍文字处理软件 Word 2010 的基本概念，从文档编辑和排版的基本操
作、表格和图片的处理及输出打印等方面，由浅入深地介绍 Word 2010 的使用与操作
方法。

3.1 体验 Word 2010

3.1.1 Office 2010 应用程序介绍

Office 是一套由微软公司开发的风靡全球的办公软件，其最新的 2010 版可以让用
户既通过 PC 使用，又通过 Web 使用，甚至在智能手机上也能使用。它的变化首先体
现在界面上。Office 2010 采用 Ribbon 新界面主题，更加简洁、明快，更加干净、整
洁，并且标识改为全橙色。其次，体现在功能上。Office 2010 做了很多功能上的改进，
增加了很多新的功能，特别是在线应用，可以让用户更加方便、自由地表达自己的想
法、解决问题以及与他人联系。

1. Office 2010 的新功能

（1）截屏工具

Office 2010 的 Word、PowerPoint 等组件里增加了截屏功能，在"插入"标签里
可以找到（Screenshot）。它支持多种截图模式，特别是会自动缓存当前打开窗口的截

图 3-1 截屏功能

图，单击一下鼠标就能插入到文档中。

（2）增强的美工编辑能力

新版 Office 持续加强文件美工设计方面的功能，除了可以运用增强的 SmartArt 绘图功能，还可以将图片套用滤镜特效，如笔触效果、水波效果。此外，加入了图形处理时常用的去除背景功能，如图 3-2 所示。使用时，透过软件针对智能型演算去判别。这种去背功能相当容易使用，不过面对复杂的图片时，效果不是很好，不如专业绘图软件提供的魔术棒、套索工具等功能。

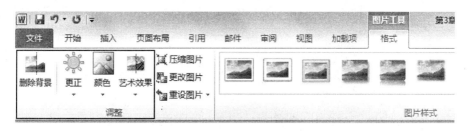

图 3-2　加强文件美工设计方面的功能

（3）后台视图

单击 Office 按钮，将出现一个被微软称作"后台视图（Backstage View）"的界面，如图 3-3 所示。该视图实际上是一个"一站式"信息平台，帮助用户了解文档的保存和打印等常见任务的运行信息。"后台视图"基于 Office 2007 一个类似的功能开发而来，但功能远胜过 Office 2007。

图 3-3　"后台视图"窗口

（4）作者许可（Author Permissions）

在线协作是 Office 2010 的重点努力方向，也符合当今办公趋势。Office 2007 里"审阅"标签下的"保护文档"现在变成了"限制编辑"，旁边还增加了"阻止作者"标签，如图 3-4 所示。

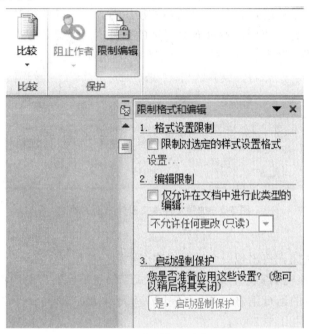

图 3-4 作者许可功能

（5）加强通信功能及 64 位版本

微软还增强了 Office 与其他微软通信服务之间的联系。如果用户通过 Office 2010 来使用 Office Communications Server 2007 R2 和 Office Communicator 2007 R2，就可以看到同事的状态，并通过电子邮件和即时通信与之取得联系。SharePoint 与 Office 的联系更为紧密，并允许用户对 Office 文档进行协作。Office 目前也提供 64 位版本。

2. Office 2010 集成组件简介

（1）Microsoft Word 2010

图文编辑工具，用来创建和编辑具有专业外观的文档，如信函、论文、报告和小册子。

（2）Microsoft Excel 2010

数据处理程序，用来执行计算、分析信息以及可视化电子表格中的数据。

（3）Microsoft PowerPoint 2010

幻灯片制作程序，用来创建和编辑用于幻灯片播放、会议和网页的演示文稿。

（4）Microsoft Access 2010

数据库管理系统，用来创建数据库和程序来跟踪与管理信息。

（5）Microsoft InfoPath 2010

InfoPath 最早出现于 Office 2003 中，又细分为 InfoPath Designer 和 InfoPath Filler 两个产品。对于很多工作于企业的人来说，可能经常需要填写零用金报销单、考勤卡、调查表或保险单等业务表单，甚至可能需要负责设计、分发和维护组织中的这些表单，InfoPath 可以帮助用户完成这些工作。

● Microsoft InfoPath Designer 2010：用来设计动态表单，以便在整个组织中收集和重用信息。

● Microsoft InfoPath Filler 2010：用来填写动态表单，以便在整个组织中收集和重用信息。

（6）Microsoft OneNote 2010

笔记程序，用来搜集、组织、查找和共享笔记和信息。

（7）Microsoft Outlook 2010

电子邮件客户端，用来发送和接收电子邮件，管理日程、联系人和任务，以及记录活动。

（8）Microsoft Publisher 2010

出版物制作程序，用来创建新闻稿和小册子等专业品质的出版物及营销素材。

（9）Microsoft SharePoint Workspace 2010

用来离线同步基于微软 SharePoint 技术建立的网站中的文档和数据。

（10）Office Communicator 2007

统一通信客户端，类似于 MSN 和 QQ 的一个局域网即时通信工具。

3.1.2 Word 2010 工作窗口简介

启动 Word 后，屏幕出现一个 Word 2010 窗口，如图 3-5 所示。

图 3-5 Word 2010 窗口

1. Office 组件按钮

Office 组件按钮位于窗口的左上角，显示组件相对应的图标，与旧版本的 Office 2007 相比，其功能有非常明显的区别。单击 Office 组件按钮，在弹出的下拉菜单中可以执行与右侧 3 个窗口控制按钮相同的操作，即最大化、最小化、还原、关闭等。

2. 快速访问工具栏

在默认情况下，快速访问工具栏位于 Word 窗口的顶部。单击快速访问工具栏右侧的下三角按钮，在弹出的下拉菜单中可以将频繁使用的工具添加到快速访问工具栏中；也可以选择"其他命令"选项，在打开的"Word 选项"对话框中自定义快速访问工具栏。

3．标题栏

标题栏位于快速访问工具栏的右侧，用于显示正在操作的文档和程序的名称等信息。其右侧有 3 个窗口控制按钮，分别为"最小化"按钮、"最大化"按钮和"关闭"按钮，单击它们可以执行相应的操作。

4．功能选项卡和功能区

功能选项卡和功能区是对应的关系。打开某个选项卡即可打开相应的功能区，在功能区中有许多自动适应窗口大小的工具栏，其中提供了常用的命令按钮或列表。有的工具栏右下角会有一个功能扩展按钮，单击它可以打开相关的对话框或任务窗格进行更详细的设置。

5．"功能区最小化"按钮

"功能区最小化"按钮在功能选项卡的右侧。单击该按钮，可显示或隐藏功能区。功能区被隐藏时，仅显示功能选项卡名称。

6．"帮助"按钮

单击"帮助"按钮可打开相应的组件帮助窗格，在其中可查找到需要的帮助信息。

7．文档编辑区

文档编辑区是 Word 中最大也是最重要的部分，所有的关于文本编辑的操作都将在该区域中完成。文档编辑区中有个闪烁的光标叫做文本插入点，用于定位文本的输入位置。在文档编辑区的左侧和上侧都有标尺，其作用为确定文档在屏幕及纸张上的位置。在文档编辑区的右侧和底部都有滚动条，当文档在编辑区内只显示了部分内容时，可以通过拖动滚动条来显示其他内容。

在默认情况下，文档编辑区中是不会有标尺的，在功能选项卡中打开"视图"选项卡，并在该选项卡的功能区中选中"标尺"复选框，才能将其显示出来。

8．状态栏和视图栏

状态栏和视图栏位于操作界面的最下方。状态栏主要用于显示与当前工作有关的信息，视图栏主要用于切换文档视图的版式。

9．缩放比例工具

缩放比例工具位于视图栏的右侧，通过它可以缩放文档的显示比例。

3.2 案例 1——编写"专业介绍"

3.2.1 案例及分析

1．案例

制作"专业介绍"文档，如图 3-6 所示，要求如下：

①将标题设置为黑体三号，加粗，居中，段前、段后各 1 行。

②将"1. 计算机网络技术"和"2. 电子商务"设置为宋体四号，加粗，段前、段后各 0.5 行。

③将所有段落的行间距设置为 22 磅，"培养具有……"的两段设置为首行缩进 2 个字符。正文段落的字体设置为宋体五号，"主要课程"、"就业方向"和"特别推荐"加粗。

④"主要课程"、"就业方向"和"特别推荐"6 个段落设置项目符号，悬挂缩进 2 个字符。

⑤"特别推荐"两段加阴影边框和灰色底纹。

2．案例分析

通过编写"专业介绍"，要求学生掌握以下操作：文字录入技巧；对文档中的文字格式设置及段落格式设置；设置项目符号及底纹。

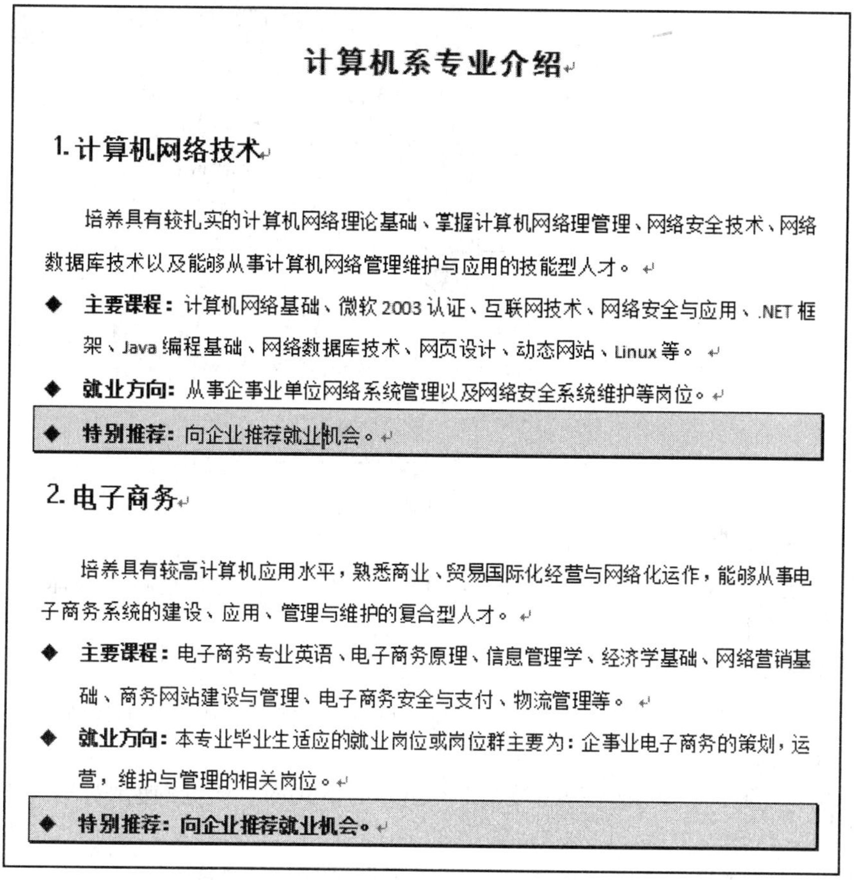

计算机系专业介绍

1. 计算机网络技术

　培养具有较扎实的计算机网络理论基础、掌握计算机网络理管理、网络安全技术、网络数据库技术以及能够从事计算机网络管理维护与应用的技能型人才。

◆　**主要课程：**计算机网络基础、微软 2003 认证、互联网技术、网络安全与应用、.NET 框架、Java 编程基础、网络数据库技术、网页设计、动态网站、Linux 等。

◆　**就业方向：**从事企事业单位网络系统管理以及网络安全系统维护等岗位。

◆　**特别推荐：**向企业推荐就业机会。

2. 电子商务

　培养具有较高计算机应用水平，熟悉商业、贸易国际化经营与网络化运作，能够从事电子商务系统的建设、应用、管理与维护的复合型人才。

◆　**主要课程：**电子商务专业英语、电子商务原理、信息管理学、经济学基础、网络营销基础、商务网站建设与管理、电子商务安全与支付、物流管理等。

◆　**就业方向：**本专业毕业生适应的就业岗位或岗位群主要为：企事业电子商务的策划，运营，维护与管理的相关岗位。

◆　**特别推荐：**向企业推荐就业机会。

图 3-6 "专业介绍"案例

3.2.2 操作步骤

1．新建文档

选择"文件"选项卡中的"新建"命令，选择空文档，然后单击"创建"按钮建立一个新文档。

2．文档的输入

文档的输入包括文字的输入和标点符号的输入。

（1）输入文字

首先，将案例中的文字内容输入到新建的文档中。在文档输入过程中需要注意：

每个段落顶头输入，以后用格式设置的"首行缩进"功能来处理首行两个汉字的空格；一个段落输入完毕后按一次回车键作为段落结束，系统将插入一个"段落标记"并换行。对于组成这个段落的各行，由系统自动完成换行。

（2）输入标点和特殊符号

案例中的"1."、"2."有两种输入方法：

①利用中文输入状态栏所提供的"标点符号"软键盘来输入。

②选择"插入"选项卡"符号"工具组"符号"命令按钮中的"其他符号"命令，在其"符号"对话框（见图 3-7）中选择所需要的符号。

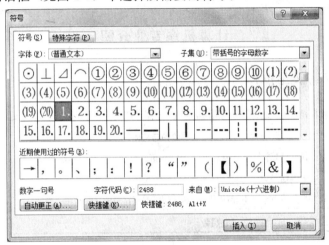

图 3-7 "符号"对话框

3. 文字格式设置

①将标题文字选中，在"开始"选项卡的"字体"工具组中选择"黑体"，"字号"选择"三号"，并单击加粗按钮 **B** 。

②按 Ctrl 键用鼠标选中"1. 计算机网络技术"和"2. 电子商务"，在"开始"选项卡"字体"工具组中选择"宋体"，"字号"选择"四号"，并单击加粗按钮。

③选中正文第一段文字，然后在"开始"选项卡的"字体"工具组中选择"宋体"，"字号"选择"五号"。双击"剪贴板"工具组中的格式刷 按钮，对格式相同的段落复制格式。

④按 Ctrl 键用鼠标选中"主要课程"、"就业方向"和"特别推荐"文字，并单击加粗按钮 **B** 。

小提示

利用"开始"选项卡"剪贴板"工具组的"格式刷"按钮 可以复制字符格式。双击格式刷按钮可重复使用多次，而单击格式刷只可使用一次。如果其他段落格式与第一段相同，可以使用格式刷。

选定设置好格式的第一段，然后双击"开始"选项卡"剪贴板"工具组的"格式刷" 按钮；用刷子形状的光标指针在其他需要设置段落格式的文本处拖过，该文本即被新的格式所设置。结束时，应再单击一次"格式刷"按钮。

4. 段落格式设置

①将标题选中，然后单击"开始"选项卡"段落"工具组中的"居中"按钮，使中文标题位于文档的中间。单击"段落"工具组中的"段落"按钮，弹出"段落"对话框，将"段前"、"段后"设置为"1 行"。

②选中"1. 计算机网络技术"和"2. 电子商务"，然后单击"段落"工具组中的"段落"按钮，弹出"段落"对话框，将"段前"、"段后"设置为"0.5 行"。

③选中所有正文段落，然后单击"段落"工具组中的"段落"按钮，弹出"段落"对话框，在"特殊格式"处设置为"首行缩进"、"2 个字符"，在"行距"处设置为"固定值"、"22 磅"，如图 3-8 所示。

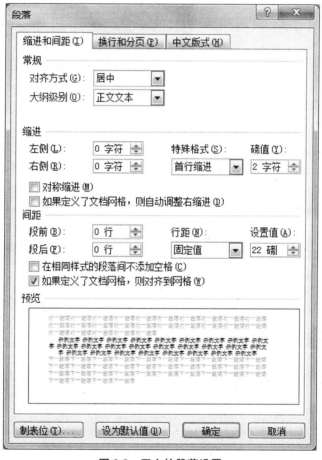

图 3-8　正文的段落设置

5. 项目符号和编号

①选择正文需要加项目符号的段落。

②选择"开始"选项卡，并单击"项目符号"按钮右侧的下三角按钮，在弹出的列表框中选择项目符号，如图 3-9 所示。也可在列表框中单击"定义新项目符号"按钮，在打开的"定义新项目符号"对话框中选择项目符号的类型，如图 3-10 所示，再选择需要的符号。

图 3-9 "项目符号和编号"界面

图 3-10 "定义新项目符号"对话框

6. 设置底纹

①选中"特别推荐"两段文字，然后单击下框线按钮右边的向下箭头 ⊞ ，并在下拉菜单中选择"边框和底纹"命令。

②弹出"边框和底纹"对话框，如图 3-11 所示。在"边框"选项中，选择"阴影"边框，"应用于"选择"段落"；在"底纹"选项中，"填充"选择"15％"的底纹，"应用于"选择"段落"。

图 3-11 "边框和底纹"对话框

3.2.3 相关知识

1. 文档编辑

在文档内容输入后，可能要移动文字的位置，删除或增加一些内容，查找或替换一些文字和符号等，这些操作称为文档的编辑。

（1）选定文本

选定文本的基本方法是：从待选文本的一端按住鼠标左键，并拖动鼠标到文本的另一端。此时，这段文本呈反相显示，表示已被选定。

关于文本选定，有如下操作技巧：

①若要选定一个英文单词或一个汉语词汇，可双击该单词或词汇。

②若要选定大块文本，先将插入点移到待选文本的一端，再利用滚动条将待选文本的另一端显示在文本区，然后按住 Shift 键单击该端点。

③若要选定一整行，可在选定区单击该行。

④若要选定连续多个整行，可在选定区拖动。

⑤若要选定一个段落，可在该段落中三击任一字符，或在选定区双击该段落，也可按住 Ctrl 键并单击此句子。

⑥若要选定一个矩形文本块，按住 Alt 键后用鼠标拖动。

⑦若要选定全文，可在选定区中三击，或按 Ctrl＋A 组合键，也可选择"编辑"→"全选"菜单命令。

（2）插入文本

移动插入点到插入位置处，然后直接输入要插入的内容。

（3）修改文本

先选定要修改的字符，再输入新的内容，即可覆盖原来的字符内容。

（4）删除文本

方法一：将插入点移到要修改的字符处，然后使用 BackSpace 键（退格键）删除插入点前的文字。

方法二：将插入点移到要修改的字符处，然后使用 Del 键删除插入点后面的文字。

（5）移动文本

方法一：首先选定要移动的文本，再用光标将其拖到新位置处，即完成选定文本的移动。

方法二：首先选定要移动的文本，再选择"开始"选项卡剪贴板工具组中的"剪切"按钮，将其剪切到剪贴板，然后移动光标到所需要的位置上，选择"粘贴"命令即可。

（6）复制文本

方法一：首先选定要复制的文本，按住 Ctrl 键的同时用光标将其拖到新位置处，即完成所选定文本的复制。

方法二：用"复制"命令将其复制到剪贴板。

（7）撤销与重复操作

①撤销一次或多次操作：如果执行了错误的编辑等操作，可以立即通过单击"撤销"按钮 ↄ 恢复此前被错误操作的内容。

②重复操作：重复操作可以提高工作效率。当要重复执行此前的同一操作时，单击"重复"按钮 ↺ 。

2. 文字格式设置

设置文字格式可以使用"字体"工具组中的命令按钮，也可以通过单击"字体"

工具组中的"字体"按钮，打开"字体"对话框来完成，如图 3-12 所示。

图 3-12 "字体"对话框

3. 段落格式设置

段落格式化主要使用"段落"工具组中的命令按钮，或单击"段落"工具组中的"段落"按钮，在"段落"对话框中完成设置，如图 3-13 所示。

图 3-13 "段落"对话框

也可以在"视图"选项卡中选中"标尺"复选框，将标尺显示出来。标尺由刻度标记、左右边界缩进标记和首行缩进标记组成，用来标记水平位置和边界、首行位置等，如图 3-14 所示。

图 3-14　标尺

4. 查找与替换

查找与替换是进行文字处理的基本技能和技巧之一。利用查找功能，可以快速定位到指定字符处；利用替换功能，可以快速修改指定的文字，甚至删除某些指定文字。

替换的操作步骤如下：

（1）选择"替换"命令

在"开始"选项卡的编辑工具组中选择"替换"命令，如图 3-15 所示。

图 3-15　"查找和替换"对话框

（2）选择或输入对话框选项

①查找内容：输入要查找的内容，即被替换的对象（例如"电脑"）。

②替换为：输入替换内容（例如"计算机"）。如果此框内不输入内容，则操作结果为删除文档中的被替换对象。

（3）查找与替换

单击"查找下一处"按钮后，系统往下开始查找。若找到一个，将插入点停留在该处，并反相显示该对象，此时可以单击以下按钮完成替换、全部替换或跳过：

①"替换"按钮：使找到的对象被替换。

②"全部替换"按钮：使其后所有的查找对象均被替换。

③"查找下一处"按钮：跳过当前查找到的对象，继续向下查找。

查找功能的操作与替换类似，但只完成单一的查找定位操作，不进行替换。

5. 设置页面格式

页面格式主要包括：页中分栏，添加页眉、页脚、页码，设置纸张尺寸、页边距等。版面格式设置，用以美化页面外观，将直接影响文档的最后打印效果。页面格式化的主要工具在"页面设置"选项卡中。

（1）定义纸张规格

选择"页面"选项卡"页面设置"工具组中的"纸张大小"命令，在下拉菜单中选择纸张大小（A4、A5、B4、B5、16 开、8 开、32 开、自定义纸张等），然后选择"纸张方向"命令来确定输出文本的方向（纵向、横向）；也可单击"页面设置"按钮，在"页面设置"对话框中进行设置，如图 3-16 所示。

（2）设置页边距

一般地，文档打印时的边界与所选页的外缘总是有一定距离的，称之为页边距。页边距分上、下、左、右4种。设置合适的页边距，既可规范输出格式，合理地使用纸张，便于阅读和装订，也可美化页面。

选择"页面"选项卡"页面设置"工具组中的"页边距"命令，然后在下拉菜单中选择需要的命令。

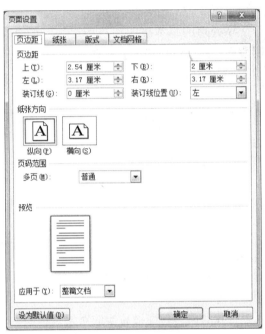

图3-16　"页面设置—纸型"对话框

6. 设置分栏

所谓多栏文本，是指在一个页面上，文本被安排为自左至右并排排列的续栏形式。

选择"页面"选项卡"页面设置"工具组中的"分栏"命令，然后在下拉菜单中选择栏数，或选择"更多分栏"命令，再在"分栏"对话框中设置栏数、各栏的宽度及间距、分隔线等，如图3-17所示。

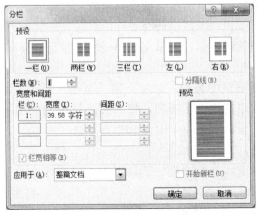

图3-17　"分栏"对话框

3.2.4 上机实训

1. 实训目的

掌握文字及段落的格式设置。

2. 实训内容

打开本书素材文件 LX3-2-1.docx 文档，排版后的效果如图 3-18 所示。

网络的分类

按网络的地理位置网络可分为：

1. 局域网（LAN）：一般限定小于 10km 的范围区域内，通常采用有线的方式连接起来。局域网通常用于一个单位，一座大楼或相应楼群之间，也特别适合于一个地域跨度不大的企业建立内部网即 Intranet。

2. 城域网（MAN）：规模局限在一座城市的范围内，10-100km 的区域。

3. 广域网（WAN）：网路跨越国界、洲界，甚至全球范围。目前局域网和广域网是网路的热点。

按传输介质网络可以分为：

1. 有线网：采用同轴电缆或双绞线来连接的计算机网路。同轴电缆网是常见的一种联网方式。它比较经济，安装较为便利，传输率和抗干扰能力一般，传输距离较短。双绞线网是目前最常见的联网方式。它价格便宜，安装方便，但易受干扰，传输率较低，传输距离比同轴电缆要短。

2. 光纤网：光纤网也是有线网的一种，但由于其特殊性而单独列出。光纤网采用光导纤维做传输介质，光纤传输距离长，传输率高，可达数千兆 bps，抗干扰能力强，不会受到电子监听设备的监听，是高安全性网路的理想选择。不过由于其价格较高，且需要高水平的安装技术，所以现在尚未普及。

3. 无线网：采用空气做传输介质，用电磁波作为载体来传输数据，目前无线网联网费用较高，还不太普及。但由于联网方式灵活方便，是一种很有用途的联网方式。

图 3-18 练习样例

按下列要求对其编辑和排版，并以文件名"网络的分类"保存编排后的结果。

①在正文前加标题"网络的分类"，字体设置为宋体、三号、加粗，段后间隔 1 行，标题段居中并加"灰色 15%"底纹。

②将正文中的所有"网路"一词替换为蓝色、加粗格式"网络"。

③对于正文文字，中文设置为宋体，西文设置为 Arial，常规，五号；首行缩进 2 字符，行间距 24 磅，两端对齐。

④增加项目符号和编号。

3.3 案例 2——制作海报

3.3.1 案例及分析

1. 案例

制作如图 3-19 所示的海报。

科技乐园是以科普教育和旅游娱乐相结合，集知识性、趣味性和娱乐性为一体的高科技含量的科教旅游设施。它以"飞出地球 遨游太空"为设计主题，采用动、静、仿真造型，集声、光和机械、电脑程控于一体，将你带入史前恐龙时代，进行浩渺无际的太空，在"神秘、梦幻、惊险、刺激"中产生奇妙无比的感觉，充分体验人类超越自我、穿梭天际的伟大梦想。

科技乐园地址：
北京市海淀区 1234 号 电话：（01068888888）
周一至周五营业时间：
9：00-17：00。
周六至周日营业时间：
9：00-18：00。

特惠时间：2012 年 9 月 30 日-10 月 8 日

图 3-19 海报效果图

2. 案例分析

图 3-19 所示是一个科技乐园的宣传海报。在整个版面上，包含了图片、艺术字、自定义图形等，并运用图形图片边框界定不同的区域；线条的添加，起到分割版面、强调主题的作用。

制作海报、请柬等要做如下准备：

➢ 制作之前应有一个规划，要明确这个作品是做什么用的，主题是什么。

➢ 制作产品之前，一定要将所需的素材全部搜集、整理完毕。

➢ 制作过程中要先设置好版面。版面安排的好坏决定着作品的好坏，一张组织混乱的作品是不会有人喜欢看的。

➢ 要使作品看起来更美观，就要充分利用有限的空间去装饰，要使图片、图形与文字结合得更美观，使之融为一体。

3.3.2　操作步骤

1. 设置海报版面

海报版面与一般公文在版面安排上有所不同，所以在制作之前应做好页面设置，以便图片和其他版面元素的安排和编辑。

选择"页面布局"选项卡"页面设置"工具组的"纸张大小"命令，在下拉菜单中选择"16 开"纸型，其余保持默认状态。

2. 添加图片

（1）插入剪贴画

①选择"插入"选项卡"插图"工具组的"剪贴画"命令，将打开"剪贴画"任务窗格，如图 3-20 所示。

②在"剪贴画"任务窗格的"搜索文字"文本框中输入"航天"，然后单击"搜索"按钮，则在"剪贴画"任务窗格下端列表中显示出搜索到的与搜索关键字相关的剪贴画。单击搜索结果中的剪贴画，就将其添加到光标所在的位置。

图 3-20　"剪贴画"窗格

（2）插入图片

①单击要插入图片的位置。

②选择"插入"选项卡"插图"工具组的"图片"命令，然后定位到素材文件夹中的"儿童.jpg"，再单击"插入"按钮，即可在文档中插入图片。

（3）图片格式设置

插入图片后，两个图片是并列排列的。通过"图片工具"选项卡中的命令，对图片进行设置。

①单击图片"儿童.jpg"，然后选择"图片工具"选项卡"排列"工具组的"自动换行"命令，接着选择"四周型环绕"命令，再调整图片到合适的大小。

②选择"航天"剪贴画，并设置为"四周型环绕"，然后将其移动到合适的位置。

3．添加艺术字

在海报中插入一些艺术字，可以使文档的内容更丰富。下面介绍艺术字的插入和设置方法。

①单击要插入艺术字的位置，然后选择"插入"选项卡"文本"工具组的"艺术字"命令，在弹出的对话框中选择需要的样式，如图 3-21 所示。

②在"文字"文本框中输入"欢迎来到科技乐园！"，在"开始"选项卡的"字体"工具组中选择字体"华文彩云"；在"字号"下拉列表框中选择"小初"。最后，单击"加粗"按钮。

③选中艺术字，然后在"绘图工具"选项卡"艺术字样式"工具组中选择"文本效果"的"转换"命令，选择"上弯弧"效果。

④选中艺术字，然后选择"绘图工具"选项卡"排列"工具组的"自动换行"命令，再选择"上下型环绕"命令，效果如图 3-22 所示。

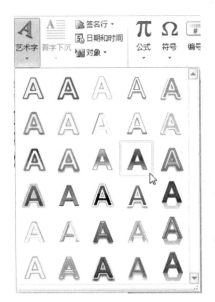

图 3-21　艺术字样式界面

图 3-22　编辑图片和艺术字效果

4．文本框与图形对象的排版

在 Word 文档中，可以通过对各种对象的组合生成图形，这些对象包括自选图形、任意形状、图表、曲线、直线、箭头、艺术字等。

（1）添加文本框

文本框是独立对象，可以在其中独立地进行文字输入和编辑。在文档中适当地使用文本框，可以实现一些特殊的编辑功能。利用文本框可以重排文字和向图形添加文字。

在文档中添加文本框的操作步骤如下：

①将光标置于要插入文本框的文档中，然后选择"插入"选项卡"文本"工具组的"文本框"命令，再在子菜单中选择"绘制文本框"命令。

②用光标拖拽绘制出一个文本框，然后拖动文本框四周的控制点，适当调整文本框的大小，在其中输入文字。用同样方法在版面左右侧再插入一个文本框，输入文字。

③设置文本框中文字的格式为宋体五号字，行间距 22 磅。

（2）改变文本框的外框线条

将光标置于文本框的边框上，选中文本框，可设置文本框格式，调整文本框的边框样式。具体步骤如下：

①将鼠标指针置于文本框的边框处，鼠标指针变成 ✛ 。单击鼠标左键，选定文本框。

②选择"绘图工具"选项卡"形状样式"工具组的"形状轮廓"命令，然后在下拉菜单中选择"主题颜色"，"虚线"选择"方点"形线条样式，"粗细"设置为"1.5磅"，如图 3-23 所示。

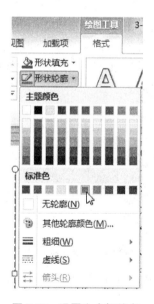

图 3-23　设置文本框线条

（3）绘制直线及编辑

海报中需要添加一些线条和图形来分割区域，指示位置。利用绘图功能来实现这种操作，结果如图 3-24 所示。

特惠时间：2012 年 9 月 30 日-10 月 8 日↵

图 3-24　图像效果

操作步骤如下：

①选择"插入"选项卡"插图"工具组的"形状"命令，然后选择"直线"，在屏幕上拖动光标绘制一条直线。选择"绘图工具"选项卡"形状样式"工具组的"形状轮廓"命令，然后在下拉菜单的"主题颜色"选择"橄榄色 深色 50％"，将"粗细"设置为"4.5 磅"，在"大小"工具组中将"长度"设置为"13.4 厘米"。

②选择"插入"选项卡"文本"工具组的"文本框"命令，在子菜单中选择"绘制文本框"命令，绘制出一个文本框，然后调整文本框的大小。在文本框中输入文字"特惠时间：2012 年 9 月 30 日－10 月 8 日"，并设置文字的字号为"三号"、"居中"。选中文本框，在"绘图工具"选项卡的"形状样式"工具组中选择文本框样式，如图 3-25 所示。

③在文本框之下，再绘制一条直线，在"大小"工具组中将"长度"设置为"13.4 厘米"，"颜色"设置为"橄榄色 淡色 80％"。选中做好的直线，按住 Ctrl 键拖拽，复制出三条直线，并分别将"颜色"设置为从浅到深。

④按住 Shift 键选中这四条直线，然后选择"绘图工具"选项卡"排列"工具组的"对齐"命令中的"纵向分布"命令，使四条直线间隔相等。再按住 Shift 键选中图 3-24 中的五条直线，然后选择"绘图工具"选项卡"排列"工具组"对齐"命令中的"左对齐"命令，使五条直线对齐。

图 3-25　文本框样式

至此，本案例要求的宣传海报制作完成。综合运用图片、剪贴画、绘图工具栏，可以制作出丰富的图文版面。

3.3.3　相关知识

1. SmartArt 图形

SmartArt 图形是信息和观点的视觉表示形式。可以通过从多种不同布局中进行选择来创建 SmartArt 图形，从而快速、轻松、有效地传达信息。

插入如图 3-26 所示的 SmartArt 图形，操作步骤如下：

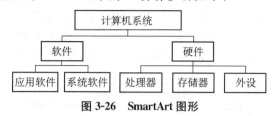

图 3-26 SmartArt 图形

①选择"插入"选项卡"插图"工具组的"SmartArt"命令，弹出"选择 Smart-Art 图形"对话框。在左边选择"层次结构"，在右边选择"组织结构图"，然后单击"确定"按钮，如图 3-27 所示。

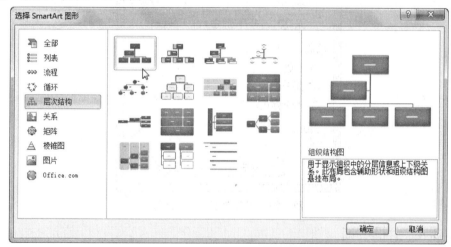

图 3-27 "选择 SmartArt 图形"对话框

②在文本窗格中输入文字。对于不需要的文本窗格，按 Del 键删除，如图 3-28 所示。

图 3-28 插入组织结构图

③选择"软件"文本窗格，然后单击"添加形状"按钮，再选择"在下方添加形状"命令，添加两个形状。单击"SmartArt 图形/设计"选项卡"创建图形"工具组中的"布局"按钮，然后选择"标准"命令。执行相同的步骤在"硬件"文本窗格下方添加三个文本窗格。

④选择"SmartArt 图形/设计"选项卡，"SmartArt 样式"工具组中的命令可改变 SmartArt 图形的颜色和样式。

⑤利用"SmartArt 图形/格式"选项卡中的命令可对 SmartArt 图形中的文本窗格进行格式设置。

2. 首字下沉

段落的首字下沉，可以使段落第一个字放大数倍，以增强文章的可读性。

设置段落首字下沉的方法是：将插入点移至指定段落，然后选择"插入"选项卡"文本"工具组的"首字下沉"命令，打开"首字下沉"对话框，如图 3-29 所示。在"位置"框中有"无"、"下沉"或"悬挂"三种选择。选择"无"，则不进行首字下沉，若该段落已设置首字下沉，将取消首字下沉功能；选择"下沉"，首字后的文字围绕在首字的右下方；选择"悬挂"，使首字下面不排文字。

图 3-29　"首字下沉"对话框

3.3.4　上机实训

实训 1

1. 实训目的

艺术字的灵活使用。

2. 实训内容

垂直镜像文字。在日常会议铭牌中，常需要书写一些上下倒映的文字，确定人员座位安排。这些倒映文字通过文本框无法实现，但通过插入艺术字很容易实现，如图 3-30 所示。

计算机基础

图 3-30　镜像文字

实训 2

1. 实训目的

学习 SmartArt 图形的使用。

2. 实训内容

有这样一段话："针对不同类型的流动人口群体确定了三大课程板块：在工地开设的课程板块（法律维权常识、安全生产、城市生活适应、生命救护与自救等），在市场开设的课程板块（文明经商、诚信经营、消防知识、食品安全、城市文明礼仪等），在社区开设的课程板块（城市文明礼仪、生活法律常识、应急安全知识、身心健康课堂等）。"可以用哪种类型的 SmartArt 图形表现这段文字的内容？请制作出来。

实训 3

1. 实训目的

使学生掌握图片、艺术字、文本框的设置，熟练图文混排操作。

2. 实训内容

对 LX3-3-3.docx 文档进行如下操作，效果如图 3-31 所示。

①将标题设置为艺术字，隶书、初号、加粗；采用上下型环绕方式，上弯弧型。

②将文档文字设置为楷体、四号字、两端对齐。为文档段落设置首行缩进 2 个字符，行间距 25 磅。

③将第一段文字设置成首字下沉 3 行。

④在文档中插入"扇面书法.jpg"图片。将图像的文字环绕设置为"四周型环绕"，实现图像高度 80%、宽度 80% 的缩放操作。

⑤插入竖排文本框，然后输入"扇面艺术"，并设置为"四周型环绕"，字体为隶书，二号。

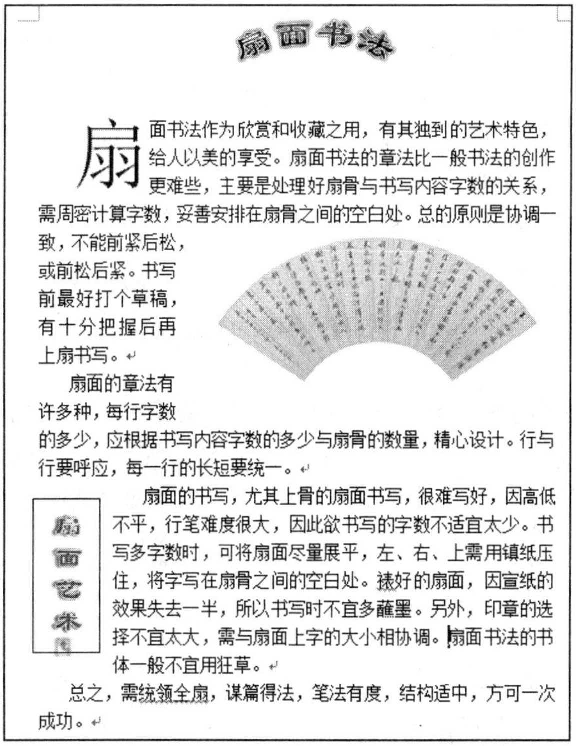

图 3-31　LX3-3-3.docx 文档操作效果图

3.4 案例3——制作会议日程表格

3.4.1 案例及分析

1. 案例

制作某高校一周内的会议日程表格，如图3-32所示。

星期 \ 安排	时间	地点	内容	主持人	申请经费（元）	参加人员
星期一	9：00	1号楼第三会议室	校国家社科基金项目管理工作座谈会	李校长	150	廖副书记，外联办、科研处、文科、分管科研工作副院长
	14：30	1号楼第三会议室	软件高职人才培养基地调研	刘主任	260	黄副校长，校办、教务处、软件学院党政领导，软件高职人才培养基地负责人
星期五	9：30	综合体育馆工会会议室	第十三次工次、教代会两委扩大会议	副书记	380	校工会、教代会两委委员，部门工会主席等
	14：00	校门球场	老年节门球友谊赛	副书记	450	副校长，离退休处、校老体协各门球队
经费总数					1240	
备注：请有关人员准时参加活动或会议，如果有特殊情况不能参加，请找办公室李主任说明情况（电话：6887××××）。						

图 3-32 会议日程表

2. 案例分析

本案例需要完成的是某高校一周内的会议日程安排表，涉及的项目有时间、地点、活动内容、主持人或发言人、参加人员和申请的经费等几项。根据不同的需求，可以创建出不同类型的表格。通过本案例的学习，要求掌握表格的创建、编辑、调整及美化。

3.4.2 操作步骤

1. 创建表格

选择"插入"选项卡"表格"工具组的"插入表格"命令，弹出"插入表格"对话框，如图3-33所示。根据需要，输入"行数"为"7行"、"列数"为"7列"，列宽的缺省设置为"自动"。

图 3-33 "插入表格"对话框

2. 编辑与调整表格结构

选中需要合并的单元格，然后右击在弹出的快捷菜单中选择"合并单元格"命令，或者在"表格工具/布局"选项卡"合并"工具组中选择"合并单元格"命令。合并后的表格如图 3-34 所示。

图 3-34 合并单元格后的表格

3. 输入表格文字

在表格中输入案例中的文字，如图 3-35 所示。

	时间	地点	内容	主持人	申请经费（元）	参加人员
星期一	9：00	1号楼第三会议室	校国家社科基金项目管理工作座谈会	李校长	150	廖副书记，外联办、科研处、文科、分管科研工作副院长
	14：30	1号楼第三会议室	软件高职人才培养基地调研	刘主任	260	黄副校长，校办、教务处、软件学院党政领导，软件高职人才培养基地负责人
星期五	9：30	综合体育馆工会会议室	第十三次工会、教代会两委扩大会议	副书记	380	校工会、教代会两委委员，部门工会主席等
	14：00	校门球场	老年节门球友谊赛	副书记	450	副校长、离退休处、校老体协各门球队
经费总数						
备注：请有关人员准时参加活动或会议，如果有特殊情况不能参加，请找办公室李主任说明情况（电话：6887××××）。						

图 3-35 在表格中输入文字

4. 表格修饰

（1）设置行高、列宽

①将"参加人员"一列的宽度设为 3.8 厘米，将"申请经费"这一列宽度设为 1.26 厘米。

选中"参加人员"一列，在"表格工具/布局"选项卡"单元格大小"工具组的"宽度"框中输入"3.8 厘米"。选中"申请经费"这一列，重复上述操作，设置列宽为"1.26 厘米"。

②将最后一行的行高设置为"1.2 厘米"。

选中最后一行，在"单元格大小"工具组的"高度"框中输入"1.2 厘米"。

（2）给表格添加内、外边框

①选择整个表格，然后在"表格工具/设计"选项卡"绘图边框"工具组中，选择线型为"双线"，选择宽度为"0.75"磅，如图 3-36 所示。

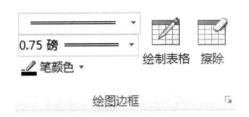

图 3-36　绘图边框工具组

②选择"表格工具/设计"选项卡"表格样式"工具组的"边框"命令按钮 边框 ，然后在下拉菜单中选择"外侧框线"命令。

③按照步骤①将内边框的线型设置为"单实线"，颜色设为"黑色"，宽度设为"0.5 磅"。

④选择"表格工具/设计"选项卡"表格样式"工具组的"边框"命令按钮，然后在下拉菜单中选择"内部框线"命令。

 小提示

也可以选择"表格工具/设计"选项卡"表格样式"工具组的"边框"命令按钮，然后在下拉菜单中选择"边框和底纹"命令，再在"边框和底纹"对话框中设置表格边框线，如图 3-37 所示。

（3）单独设置行、列的边框

为了在日程表中显示出第一行和最后一行内容与其中间内容的区别，可以给表格第一行的下边框和最后一行的上边框单独设置边框样式，这里设为粗实线。

①选中第一行，然后在"表格工具/设计"选项卡的"绘图边框"工具组中，选择线型为"实线"，选择宽度为"3磅"，颜色为"黑色"。

②选择"表格工具/设计"选项卡"表格样式"工具组的"边框"命令按钮，然后在下拉菜单中选择"下框线"命令。

③选中最后一行，再按照步骤①进行设置。选择"表格工具/设计"选项卡"表格

图 3-37　"边框和底纹"对话框

样式"工具组的"边框"命令按钮，然后在下拉菜单中选择"上框线"命令。

（4）设置表格底纹

在表格中，可以用不同的颜色作为单元格的背景颜色来区分不同的内容区域。选中单元格，然后选择"表格工具/设计"选项卡"表格样式"工具组的"底纹"命令按钮，在下拉菜单中选择需要的颜色。

（5）单元格中文字格式的设置

为了使表格显示更加美观，通常还要设置表格中的文字在单元格中的对齐方式。

选中整个表格，然后在"表格工具/布局"选项卡的"对齐方式"工具组中选择"水平居中"按钮，如图 3-38 所示。

对于单元格的内容，还可以右击单元格，在弹出的快捷菜单中选择"单元格对齐方式"，然后在下级菜单中选择 9 种对齐方式中的一种。

图 3-38　对齐方式工具组

（6）文字方向

在表格中，为了显示的需要，有时要更改文字的方向，如案例中"星期一"和"星期五"单元格，操作方法是：选择要操作的单元格，然后在"表格工具/布局"选项卡的"对齐方式"工具组中选择"文字方向"命令按钮，将文字方向变为"竖向"。

（7）设置斜线表头

在斜表头单元格中输入"安排"，按回车键后输入"星期"，再将"安排"设置为

"右对齐"，将"星期"设置为"左对齐"。选中单元格，然后选择"表格工具/设计"选项卡"表格样式"工具组的"边框"命令按钮，在下拉菜单中选择"斜下框线"命令。结果如图3-32所示。

5. 计算

案例中需要把申请的经费数汇总后填入经费总数对应的单元格。

把插入点定位在"经费总数"和"申请经费"交叉的单元格中，然后在"表格工具/布局"选项卡的"数据"工具组中选择"函数"命令按钮，将弹出公式对话框。在公式栏中会自动出现"＝SUM（ABOVE)"。SUM（）为求和函数，对括号中的参数执行加法运算。单击"确定"按钮。

"ABOVE"参数指光标所在单元格上面所有的数字单元格。在此对话框中，"数据格式"列表框中如选定"0.00"，表示到小数点后两位。通过"粘贴函数"列表框还可以选择不同的函数命令，如图3-39所示。

图 3-39　"公式"对话框

3.4.3　相关知识

1. 编辑与调整表格结构

表格创建后，通常要对它进行编辑与调整，主要涉及表格的选定，调整行高和列宽，插入或删除行、列和单元格，单元格的合并与拆分。通过这些操作，可以创建出较为复杂的表格结构。

 小提示

对表格进行编辑与调整，需要掌握的基本操作是选择操作对象，如单元格、表行、表列或整个表格。具体步骤如下：

①鼠标（鼠标为右上空箭头）在单元格中单击或拖动选定多个单元格。

②在选定栏中单击鼠标选定一行或拖动选定连续多行。

③将鼠标置于表格上方，指针变为向下的粗体箭头时，单击或拖动选定一列或多列。

④选择"表格工具/布局"选项卡"表"工具组的"选择"命令，可以选定当前插入点所在的表格、列、行或单元格。

⑤当鼠标指针在表格内时，表格左上角出现一个"十"字方框，单击该"十"字方框即可选定整个表格，如图3-40所示。

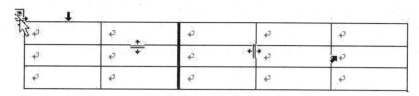

图 3-40　鼠标指针在表格中不同位置时的形状

（1）插入行/列

在"表格工具/布局"选项卡"行和列"工具组中选择需要的命令，也可以单击"行和列"工具组的 按钮，弹出"插入单元格"对话框，完成插入操作，如图 3-41 所示。

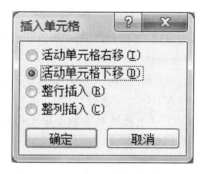

图 3-41　"插入单元格"对话框

当插入点在表行末时，可以直接按回车键在本表行下面插入一个新的空表行。插入点在表格最后一个单元格时，按 Tab 键可以在本表格最下面插入一个新的空表行。

（2）删除表格中的行、列或删除表格

选择"表格工具/布局"选项卡"行和列"工具组中的"删除"命令按钮。

 小提示

选择了表格后按 Del 键，删除的是表格中的内容。

（3）调整表格的列宽和行高

如果不确定表格中每行、每列的参数，最便捷的方式就是使用鼠标拖拽。将光标移到表格的竖框线上，指针变为垂直分隔箭头，拖动框线到新位置，松开鼠标后该竖线即移至新位置，该竖线右边各表列的框线不动。若拖动的是当前被选定单元格的左、右框线，将仅调整当前单元格的宽度。采用同样的方法可以调整表行的高度。

选择"表格工具/布局"选项卡"单元格大小"工具组中的"分布行" 分布行 和"分布列" 分布列 命令按钮，可以平均分布表格中选定的行（列）的高（宽）度。

 小提示

可以利用标尺调整列宽和行高。当把插入点移到表格中时，Word 在标尺上用交叉槽标识出表格的列分隔线。用鼠标拖动列分隔线，与使用表格框线一样可以调整列宽，所不同的是使用标尺调整列宽时，其右边的框线作相应的移动；并且在拖动鼠标时按住 Alt 键，标尺上会显示出行高或列宽的具体数值，供调整时参考。

（4）单元格的合并和拆分

选择"表格工具/布局"选项卡"合并"工具组中的"合并单元格"菜单命令，或快捷菜单"合并单元格"命令；或者使用"表格工具/设计"选项卡"绘制表格"工具栏的"擦除"按钮擦除相邻单元格的分隔线，实现单元格的合并。

选择"表格工具/布局"选项卡"合并"工具组中的"拆分单元格"菜单命令；或者使用"表格工具/设计"选项卡"绘制表格"工具栏的"绘制表格"按钮在单元格中绘制水平或垂直直线，实现单元格的拆分。

2. 表格中的计算功能

在 Word 中，可以对表格中的数字进行运算，如求和、求平均值等。可以使用计算机单独计算结果，再把文字输入表格。

常见的函数有：SUM（）（求和）、AVERAGE（）（求平均）、COUNT（）（计数）、MAX（）（求最大值）和 MIN（）（求最小值）。

常见的函数参数有：ABOVE（上面所有的数字单元格）、LEFT（左边所有的数字单元格）和 RIGHT（右边所有的数字单元格）。

🔍 **小提示**

使用公式在表格中完成数据计算时，若表格中的数据变化，在含有公式的单元格中单击鼠标右键，然后在弹出的快捷菜单中执行"更新域"命令，或使用快捷键 F9，可以更新计算结果。

3.4.4 上机实训

实训 1

1. 实训目的

学会创建和编辑表格。

2. 实训内容

做出如图 3-42 所示的课程表，格式读者可以自行创意设计。

课程表	星期 节课		星期一	星期二	星期三	星期四	星期五
课程表	上午	1	数学	英语	英语	语文	语文
		2	计算机	数学	英语	语文	英语
		3	语文	企管	礼仪	英语	数学
		4	数学	数据库	语文	体育	餐饮
信息一班	下午	5	政治	餐饮	企管	数据库	计算机
		6	英语口语	体育	政治	英语口语	计算机
		7	班会	自习	自习	自习	自习

图 3-42　课程表

实训 2

1. 实训目的

学会修改表格。

2. 实训内容

（1）请在 Word 中输入下面的内容，每个词之间用制表符分隔。利用表格中的转换菜单把它转换成一个 3 行 3 列的表格。

姓名	语文	数学
王晓佳	88	65
赵京宁	72	90

（2）插入行后再输入内容，采用"表格自动套用格式"生成如图 3-43 所示的表格：

姓名	语文	数学
王晓佳	**88**	65
赵京宁	**72**	90
王盟	**66**	85
求各科的平均分	75.33	80.00

图 3-43　实训 2 完成结果

3.5　案例 4——论文排版技巧

人们在日常的工作和学习中，有时会遇到长文档的编辑。由于长文档内容多，目录结构复杂，如果不使用正确的方法，整篇文档的编辑可能会事倍功半，最终效果也不尽如人意。下面就以论文撰写为例说明利用 Word 2003 的功能编辑长文档的常用方法和技巧，包括论文格式的设置、公式的使用、目录的生成、页眉/页脚的高级设置、快速定位文档、特殊符号的插入等。

3.5.1　案例及分析

1. 案例

将论文素材 LX3-5-1.docx 按如下要求进行排版：

（1）将论文各级标题进行样式设置

①章标题设置为"标题 1"样式，黑体三号，加粗，居中，段前、段后各 1 行，3 倍行距。

②节标题设置为"标题 2"样式，宋体四号，加粗，居左，段前、段后各 0.5 行。

③小节标题设置为"标题 3"样式，宋体小四号，居左，段前、段后各 0.5 行。

④正文设置为"正文"样式，宋体五号，首行缩进 2 个字符，单倍行距。

（2）在封面页后插入空白页，生成三级目录

（3）添加页眉、页码

①封面页没有页眉和页码；目录页页码为Ⅰ，Ⅱ，Ⅲ，…，从内容摘要页起页码为 1，2，3，…；正文的页码为 1，2，3，…，起始页码为 1；所有页码位于页脚处且居中。

②目录页页眉为"目录"；内容摘要页页眉为"摘要"；正文奇数页页眉为本章标题，偶数页页眉为"毕业设计论文"；所有页眉的字体为宋体小五号，居中。

2．案例分析

论文排版的主要知识点包括样式和格式、索引和目录命令、页眉/页脚的高级设置等。

3.5.2　操作步骤

每一份论文都有一定的格式要求，一般是章、节、目三级标题。下面以章标题样式设置为例，设置论文格式。

1．章标题样式设置

①单击"开始"选项卡"样式"工具组的样式按钮，弹出"样式"窗格，如图 3-44 所示。选择"选项"命令，在弹出的"样式窗格选项"中将"选择要显示的样式"设置为"所有样式"。

②在"样式"窗格中，把光标移动到"标题 1"，然后单击右边的向下箭头，在出现的下拉菜单中选择"修改"命令，弹出"修改样式"对话框，如图 3-45 所示，设置格式为"黑体"、"三号"、"加粗"、"居中"。单击"格式"按钮，再选择"段落"命令，然后在"段落"对话框中设置"段前、段后各 1 行"、"3 倍行距"。

采用同样的方法将"标题 2"样式、"标题 3"样式和"正文""样式"按要求修改。

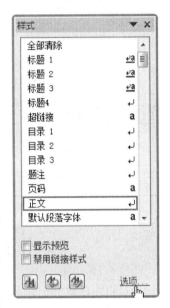

图 3-44　"样式"窗格

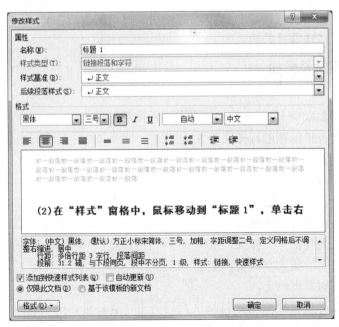

图 3-45　"修改样式"对话框

③选中章标题，在"样式"窗格中单击"标题1"样式；选中节标题，在"样式"窗格中单击"标题2"样式；选中小节标题，在"样式"窗格中单击"标题3"样式；选中正文段落，在"样式"窗格中单击"正文"样式。

2．生成目录

目录是论文中不可缺少的重要部分。有了目录，可很容易在文档中查找内容。在论文中正确应用了标题、章节、正文等样式后，就可以非常方便地应用自动创建目录的功能来创建论文的目录。

①将光标置于内容摘要页的最后，然后选择"页面布局"选项卡"页面设置"工具组的"分隔符"命令，在下拉菜单中选择"下一页"命令，如图3-46所示，插入一张空白页。

②将插入点定位在插入的空白页，然后输入文字"目录"并按回车键。选择"引用"选项卡"目录"工具组的"目录"命令，在下拉菜单中选择"插入目录"命令，打开如图3-47所示的"目录"对话框。采用默认设置，并单击"确定"按钮，即插入自动生成的目录。

小提示

在"目录"对话框中单击"修改"按钮，可以修改目录样式。

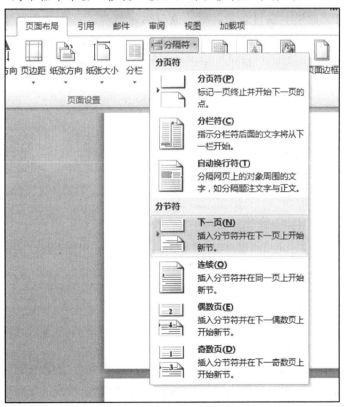

图 3-46　插入分节符

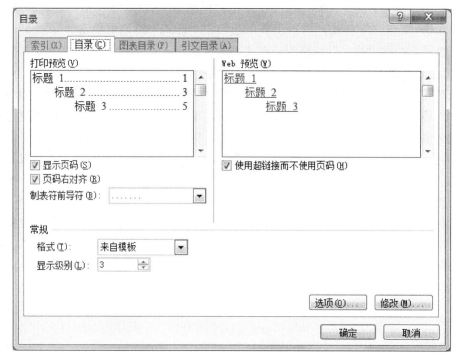

图 3-47　"目录"对话框

③更新目录。如果生成目录后，对论文又做了修改，需要选中已生成的目录，然后右击鼠标，在弹出的菜单中执行"更新域"命令，如图 3-48 所示，将弹出"更新目录"对话框，选中"更新整个目录"单选按钮后，单击"确定"按钮。

图 3-48　"更新域"命令

3. 为论文添加自动更新章节的页眉

①将光标定位在封面页的最后，然后单击"页面布局"选项卡下"页面设置"工具组中的"分隔符"按钮，在弹出的下拉列表中选择"下一页"。此时，光标自动跳转到第二页（内容摘要页）的最前端，使文本按节分成了两个部分。这两部分文档可以插入不同的页眉、页脚。

②使用同样的方法，在目录页的最后插入"下一页"分隔符，此时文档按节分成了四部分（封面、内容摘要、目录、正文）。

③单击"插入"选项卡下"页眉和页脚"工具组中的"页眉"按钮，在弹出的下拉列表中单击"编辑页眉"命令，文档进入页眉/页脚编辑状态。这时，在封面页的页眉和页脚处多了"第一节"几个字，如图 3-49 所示。在内容摘要页的页眉和页脚处多了"第二节"几个字，目录页为第三节，正文为第四节，文档已经按节分成了四部分。

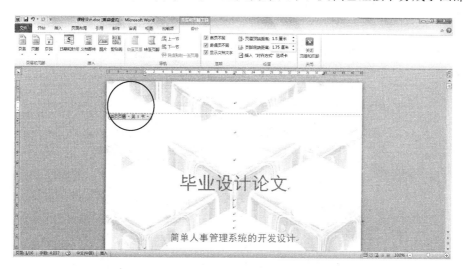

图 3-49　插入"页眉和页脚工具"后的页面

④由于首页与其他页的页眉/页脚都不同，所以首先选中"首页不同"，如图 3-50 所示。此时，光标跳到封面页的页眉处，等待编辑。由于首页没有页眉的设置，因此选择"下一节"直接跳到第二节的页眉处，然后输入"摘要"，并将字体设置为宋体小五号、居中对齐，如图 3-51 所示。

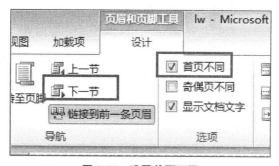

图 3-50　设置首页不同

图 3-51　设置摘要页页眉

⑤将光标定位在第二节的页脚处（内容摘要页），然后单击"插入"选项卡下"页眉和页脚"工具组中的"页脚"按钮，在弹出的下拉列表中单击"编辑页脚"命令，进入页脚编辑状态，再单击"页码"按钮，在下拉列表中选择"页面底端"下的"普通数字 2"，将页码插入。这时插入的页面号码为"2"，再次单击"页码"按钮，在下拉列表中选择"页码格式"，在弹出的"页码格式"对话框中设置"起始页码 1"，如图3-52 所示。这时，内容摘要页的页码显示为"1"。至此，内容摘要页（第二节）的页码设置完毕。

图 3-52 "页码格式"对话框

⑥将光标定位到第三节页眉处（目录页），这时"链接到前一条页眉"显示为选中状态。单击"链接到前一条页眉"按钮，取消链接，如图 3-53 所示，这样，本节就与前一节没有联系了，可以设置独立的页眉/页脚。在页眉处输入"目录"，设置为宋体小五号，居中。将光标移动到页脚处，然后单击"插入"→"页码"→"设置页码格式"命令，将页码格式设置为"Ⅰ，Ⅱ，Ⅲ，…"，起始页码设置为"Ⅰ"。至此，第三节的页码设置完毕。

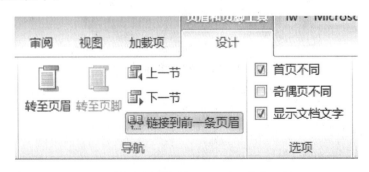

图 3-53 取消"链接到前一条页眉"设置

⑦将光标定位到第四节页眉处（正文），然后单击"链接到前一条页眉"按钮，并取消链接，再选中"首页不同"和"奇偶页不同"前的复选框，如图 3-54 所示。

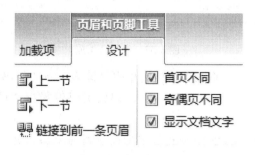

图 3-54 选中"奇偶页不同"

将光标移动到正文奇数页页眉处，然后选择"插入"选项卡"文本"工具组的"文本部件"命令按钮，在下拉菜单中选择"域"命令，打开"域"对话框，如图 3-55 所示。

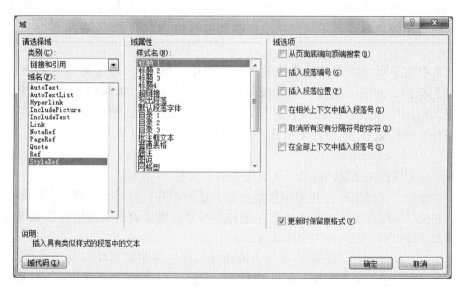

图 3-55 "域"对话框

⑧在"域"对话框设置页眉时，在"类别"下拉列表中选择"链接和引用"，在"域名"列表框中选中"StyleRef"，在"样式名"列表框中选择"标题 1"，然后单击"确定"按钮，所有的奇数页就添加了"章名称"的页眉，如图 3-56 所示。在偶数页页眉处输入"毕业设计论文"，如图 3-57 所示。

图 3-56 使用域添加页眉

图 3-57　偶数页页眉

⑨将光标移动到正文页页脚处，然后单击"插入"→"页码"→"设置页码格式"命令，将页码格式设置为"1，2，3，…"，起始页码设置为"1"。此时，全文档的页码按要求设置完毕。

注意： 如果想在 Word 2010 中设置不同的页眉与页脚，最关键的步骤就是将需要设置不同页眉/页脚的页分成不同的节，文档就按节分为了不同的部分，页眉与页脚自然可以设置为不同内容了。

3.5.3　相关知识

1. 为插图添加题注

题注是添加到表格、图表、公式或其他项目上的编号标签，例如"图表 1"。可为不同类型的项目设置不同的题注标签和编号格式。例如，"表格Ⅱ"和"公式1-A"。

交叉引用是对文档中其他位置的内容的引用。例如，"请参阅第 3 页上的图表1"。可为标题、脚注、题注、编号段落等创建交叉引用。如果创建的是联机文档，可在交叉引用中使用超级链接，这样，读者就可以跳转到相应的引用内容。如果后来添加、删除或移动了交叉引用所引用的内容，可以方便地更新所有的交叉引用。

下面以为插图添加题注以及交叉引用为例来说明。

在一般的长文档编写过程中，总是会有大量的图片、公式或表格，它们都要顺序编号。如果每一项都用手工的方法逐一定位、编号，势必给论文编辑者带来极大的困扰和麻烦，可以使用题注功能来简化这一工作。

使用题注功能，可以保证长文档中的图片、表格或图表等项目顺序地自动编号；如果移动、插入或删除带题注的项目，Word 可以自动更新题注的编号。一旦某一项目带有题注，可以对其进行交叉引用。

要给文档中已有的图片、表格、公式加上题注，按如下步骤操作：

①选择"引用"选项卡"题注"工具组的"插入题注"命令，弹出"题注"对话框，如图 3-58 所示。

②在"题注"对话框中显示用于所选项的题注标签和编号，用户只要在后面直接输入题注即可。例如，在图 3-58 中，输入的"图表 1"即是题注，"图表"是标签，"1"为编号。

③如果没有合适的标签，单击"新建标签"按钮，在弹出的"新建标签"对话框中输入新的标签名，如图 3-59 所示。

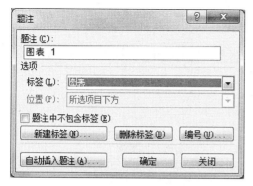

图 3-58　"题注"对话框

图 3-59　"新建标签"对话框

 小提示

修改题注后，选中整篇文档，再按 F9 键，可以更新整篇文档的题注。

2. 分隔符

选择"页面布局"选项卡"页面设置"工具组的"分隔符"命令，将弹出下拉菜单，如图 3-60 所示。

分页符中有分页符、分栏符和自动换行符，它们的作用如下所述。

①分页符：当到达页面末尾时，Word 会自动插入分页符。如果想要在其他位置分页，可以插入手动分页符。

②分栏符：在不同页中选用不同的分栏排版。

③自动换行符：使用换行符，只是把文字放到了另外的一行中，并没有分段，行与行之间有行距起作用，不用再设置段落格式了。

分节符类型的命令可以改变文档中一个或多个页面的版式或格式。例如，可以将单列页面的一部分设置为双列页面。可以分隔文档中的各章，以便每一章的页码编号都从 1 开始；也可以为文档的某节创建不同的页眉或页脚，如图 3-61 所示。

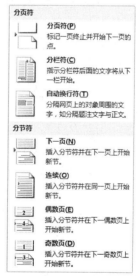

图 3-60　"分隔符"下拉菜单

分节符类型的命令作用如下所述。

①下一页："下一页"命令用于插入一个分节符，并在下一页上开始新节。此类分节符对于在文档中开始新的一章尤其有用。

②连续："连续"命令用于插入一个分节符，新节从同一页开始。连续分节符对于在页上更改格式（如不同数量的列）很有用。

③偶数页/奇数页："奇数页"或"偶数页"命令用于插入一个分节符，新节从下一个奇数页或偶数页开始。如果希望文档各章始终从奇数页或偶数页开始，请使用"奇数页"或"偶数页"分节符选项。

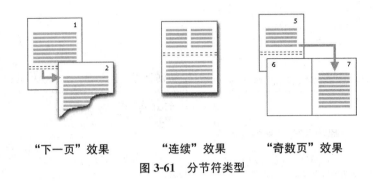

"下一页"效果　　　　"连续"效果　　　　"奇数页"效果

图 3-61　分节符类型

3.5.4　上机实训

1. 实训目的

掌握长文档编辑技巧，掌握分隔符、页眉/页脚、样式的设置方法。

2. 实训内容

对 LX3-5-4.docx 文档进行以下操作：

（1）为论文各级标题设置样式

①章标题设置为"标题 1"样式，黑体二号，加粗，居中，段前、段后各 1 行，2 倍行距。

②节标题设置为"标题 2"样式，宋体四号，加粗，居左，段前、段后各 0.5 行。

③小节标题设置为"标题 3"样式，宋体小四号，居左，首行缩进 2 个字符，段前、段后各 0.5 行。

④正文设置为"正文"样式，宋体五号，首行缩进 2 个字符，单倍行距。

（2）在封面页后插入空白页，生成三级目录

（3）添加页眉、页码

①封面页没有页眉和页码；目录页页码为Ⅰ，Ⅱ，Ⅲ，…，从内容摘要页起页码为 1，2，3，…，正文的页码为 1，2，3，…，起始页码为 1；所有页码位于页脚处且居中。

②目录页页眉为"目录"；内容摘要页页眉为"摘要"；正文奇数页眉为本章标题，偶数页页眉为"毕业设计论文"；所有页眉宋体小五号，居中。

3.6　案例 5——制作信函合并打印分发

3.6.1　案例及分析

1. 案例

使用 Word 2010 的邮件合并功能，根据公司员工名单批量制作胸卡，如图 3-62 所示。

吉顺快递公司		
	姓名	李玉
	部门	办公室
	职务	主任

图 3-62 邮件合并任务案例

2. 案例分析

体验使用邮件合并功能进行文档批量制作及打印分发的过程。

3.6.2 操作步骤

1. 创建邮件合并用的主文档

在 Word 2010 中创建名为"工作证"的新文档，操作步骤如下：

①插入 4 行 3 列的表格，行高 1.5 厘米，列宽 3.5 厘米，所有文字在中部居中。

②在文档中输入必要的文字，变化的文字部分不输入，并设置文字格式。第一行文字为宋体三号加粗，其他行文字为宋体四号，如图 3-63 所示。

	姓名	李玉
	部门	办公室
	职务	主任

图 3-63 创建主文档

2. 创建邮件合并用的数据文档

在 Word 中，用于邮件合并的数据文档可以是以下任何一种类型的文档：

① Microsoft Outlook 联系人列表。

②Microsoft Office 地址列表。

③ Microsoft Excel 工作表或 Microsoft Access 数据库。

④其他数据库文件。

⑤只包含一个表格的 HTML 文件。

⑥不同类型的电子通讯簿。

⑦Microsoft Word 数据源或域名源。

⑧文本文件数据列表。

本案例使用 Excel 表格建立"员工信息表"，表中包括员工的姓名、部门、职务和照片。姓名、部门、职务数据直接输入；照片一栏并不需要插入真实的图片，而是输入此照片的磁盘地址和文件名，比如"D：\员工照片\李玉.jpg"。制作完成后，把该工作簿重命名为"员工信息表"，如图3-64所示，操作步骤如下：

①创建名为"员工信息表"的Excel新文档。

②在新文档中插入一个5列9行的表格，然后输入必要的文字，并将对标题行文字加粗。

	A	B	C	D
1	姓名	部门	职务	照片
2	李玉	办公室	主任	D:\\员工照片\\李玉.jpg
3	张一	快递一组	职员	D:\\员工照片\\张一.jpg
4	王强	快递二组	职员	D:\\员工照片\\王强.jpg
5	赵磊	财务室	会计	D:\\员工照片\\赵磊.jpg

图 3-64 "邮件合并"的数据源

3. 邮件合并

下面需要将数据源中的数据插入到主文档中，并生成一个包含5页工作证的新文档，操作步骤如下：

①打开邮件合并的主文档"工作证.docx"，然后单击"邮件"选项卡下"开始邮件合并"组中的"选择收件人"按钮，在弹出的下拉列表中单击"使用现有列表"命令，如图3-65所示。

②在"选取数据源"对话框中设置数据源所在的位置和文件名，然后单击"打开"按钮，弹出"选择表格"对话框。选择Sheet1$，然后单击"确定"按钮，如图3-66所示。

图 3-65 在"邮件合并"中选择收件人

图 3-66 选择表格

③返回主文档，此时"编写和插入域"工具组被激活。

④将插入点定位到要插入标签的位置，然后单击"编写和插入域"工具组中的"插入合并域"按钮，在弹出的下拉列表中选择要插入的"姓名"标签，如图 3-67 所示。以相同的方法，将"部门"、"职务"域分别插入到主文档中相应的位置，如图 3-68 所示。

图 3-67 插入合并域

吉顺快递公司	
姓名	《姓名》
部门	《部门》
职务	《职务》

图 3-68 插入合并域后的表格

⑤将插入点定位到要插入照片的位置，然后按 Ctrl＋F9 键插入域，此时单元格内出现一对大括号，在其中输入"INCLUDEPICTURE " { MERGEFIELD " 照片"}""（不含外边引号）。注意，其中的大括号也是按 Ctrl＋F9 键插入的。另外，代码中出现的双引号为英文双引号，如图 3-69 所示。

	吉顺快递公司	
INCLUDEPICTURE " { MERGEFIELD " 照片"}	姓名	《姓名》
	部门	《部门》
	职务	《职务》

图 3-69 插入照片域

⑥单击"预览结果"组中的"预览结果"按钮，表格中显示出职工信息表中第 1 位职工的信息及照片。

注意：如果在预览结果时没有看到照片，则选中未显示的照片，按一下 F9 键，可刷新出照片。

⑦最后，单击"邮件合并"工具栏上的"完成并合并"按钮，在弹出的下拉列表中选择"编辑单个文档"，如图 3-70 所示。

图 3-70 生成合并后的文档

⑧在弹出的"合并到新文档"的对话框中选择"全部"，则可以将根据职工信息表中的记录数来批量制作"工作证"，如图 3-71 所示。

图 3-71　合并到新文档

3.6.3　上机实训

1. 实训目的

合并文档功能的使用。

2. 实训内容

以下面的"通讯录"为数据源，通过邮件合并方式制作"学会通讯录信封"，如图 3-72所示。

姓名	单　　　位	邮编	通讯地址
张夏玉	北京市西城经济科学大学	100035	北京市西城区内大街南草厂 63 号
刘　红	北京信息职业技术学院	100016	北京市朝阳区酒仙桥芳园西路 5 号
孙程楠	北京轻工职业技术学院	100029	北京市太阳宫路芍药居甲 1 号
顾一品	中央广播电视大学基础部	100031	北京市复兴门内大街 160 号
王小菲	北京市建设职工大学	100026	北京市朝阳区水碓子东路 15 号
王宇峰	北京联合大学	100101	北京市朝阳区北四环东路 97 号
李　莉	北京市东城区职工业余大学	100020	北京市朝外潘家坡 1 号
周　帆	北京市财贸职业学院	100010	北京市东四南大街礼士胡同 41 号
钱　军	北京二轻工业学校	100176	北京市经济技术开发区凉水河一街 9 号
郝信俊	北京劳动保障职业学院	100029	北京市朝阳区惠新东街 5 号

图 3-72　通讯录

3.7　Word 2010 操作技巧

3.7.1　表格标题行重复

使用"表格"→"标题行重复"功能，实现在每一页上都能打印行标题，且做到自动满页显示。

在编辑 Word 文档时，经常会遇到表格内容多于一页的情况。为了方便阅读，通常会将每页表格的第一行设置为标题行。这时，用户只需要选中已经设置好的第一页表格上的标题行，然后执行"表格"→"标题行重复"命令，其他各页表格的首行都会自动设置为标题行。

3.7.2　粘贴网页内容

要在 Word 中粘贴网页，只需在网页中复制内容，切换到 Word 中，然后单击"粘贴"按钮，网页中的所有内容就会原样复制到 Word 中，这时在复制内容的右下角会出现一个"粘贴选项"按钮。单击按钮右侧的黑三角符号，将弹出一个菜单，选择其中的"仅保留文本"即可；也可以选择"开始"选项卡"剪贴板"工具组"粘贴"命令中的"只保留文本"命令按钮，如图 3-73 所示。

图 3-73　粘贴命令菜单

3.7.3　"导航"窗格

用 Word 编辑文档，有时会遇到长达几十页，甚至上百页的超长文档，在以往的 Word 版本中，浏览这种超长的文档很麻烦，要查看特定的内容，必须双眼盯住屏幕，然后不断滚动鼠标滚轮，或者拖动编辑窗口上的垂直滚动条查阅，用关键字定位或用键盘上的翻页键查找，既不方便，也不精确，有时为了查找文档中的特定内容，会浪费很多时间。随着 Word 2010 的应用，这一切得到改观，Word 2010 新增的"导航"窗格为用户精确"导航"。

1. 打开"导航"窗格

运行 Word 2010，打开一份超长文档。单击菜单栏上的"视图"按钮，切换到"视图"功能区，然后勾选"显示"栏中的"导航窗格"，即可在 Word 2010 编辑窗口的左侧打开"导航"窗格。

2. 文档轻松"导航"

Word 2010 新增的文档导航功能的导航方式有四种：标题导航、页面导航、关键字（词）导航和特定对象导航，使用户轻松查找、定位到想查阅的段落或特定的对象。

（1）文档标题导航

文档标题导航是最简单的导航方式，使用方法也最简单。打开"导航"窗格后，单击"浏览你的文档中的标题"按钮，将文档导航方式切换到"文档标题导航"，如图 3-74所示。Word 2010 会对文档进行智能分析，并将文档标题在"导航"窗格中列出。只要单击标题，就会自动定位到相关段落。

 小提示

文档标题导航有先决条件，即打开的超长文档必须事先设置有标题。如果没有设置标题，就无法用文档标题进行导航；如果文档事先设置了多级标题，导航效果更好，更精确。

（2）文档页面导航

用 Word 编辑文档会自动分页，文档页面导航就是根据 Word 文档的默认分页进行导航的。单击"导航"窗格上的"浏览你的文档中的页面"按钮，将文档导航方式切换到"文档页面导航"，Word 2010 会在"导航"窗格上以缩略图形式列出文档分页，只要单击分页缩略图，就可以定位到相关页面查阅。

（3）关键字（词）导航

Word 2010 还可以通过关键（词）导航。单击"导航"窗格上的"浏览你当前搜索的结果"按钮，然后在文本框中输入关键（词），"导航"窗格上就会列出包含关键字（词）的导航链接。单击这些导航链接，就可以快速定位到文档的相关位置。

（4）特定对象导航

一篇完整的文档往往包含图形、表格、公式、批注等对象，Word 2010 的导航功能可以快速查找文档中的这些特定对象。单击搜索框右侧放大镜后面的"▼"，然后选择"查找"栏中的相关选项，就可以快速查找文档中的图形、表格、公式和批注。

文档标题导航　　　　　　文档页面导航　　　　　　关键字（词）导航

图 3-74　文档导航

第4章 电子表格 Excel 2010

> **目标**：熟悉 Excel 的窗口环境，掌握创建和编辑工作簿（工作表）、格式化工作表、应用数据图表、数据的分析管理与计算等技巧。
>
> **重点**：格式化工作表、应用数据图表、数据的分析管理与计算。

Microsoft Excel 2010 是美国微软公司 Office 2010 办公系列软件的组件之一，是世界上流行的电子表格处理软件。它广泛应用于信息化社会的众多领域中，来体验一下它强大的功能吧！

4.1 体验 Excel 2010

使用 Excel 2010 可以快速创建一个实用的电子表格，可以进行复杂的数据计算和数据分析，在图表的制作上更是别具一格。它不但适用于个人事务处理，而且被广泛应用于财务、统计和分析等领域。

Excel 2010 不仅功能强大、技术先进，而且可以非常方便地与其他 Office 组件交换数据，并提供完全 Microsoft Office 2010 风格的工作环境和操作方式。

4.1.1 Excel 的基本功能

Excel 是一种专门用于数据管理和数据分析等操作的电子表格软件，它的功能主要体现在以下方面：

（1）快速、方便地建立各种表格

Excel 可以根据需要快速、方便地建立各种电子表格，输入各种类型的数据，并有比较强大的自动填充功能，大大地提高了制表的效率。

（2）强大的数据计算与分析处理功能

Excel 提供了数百个各种类型的函数和多种数据处理工具。可以用它进行复杂的数据计算和数据分析，并且支持网络上的表格数据处理。因此，它被广泛地应用于办公事务数据处理中。

（3）数据图表、图文并茂

Excel 不仅可以进行数据计算和分析，还可以把表格数据通过各种统计图、透视图等形式表示出来，并能完成市场分析和趋势预测工作。

所以，它是一种集文字、数据、图形、图表以及其他多媒体对象于一体的流行软件。

4.1.2　Excel 2010 工作窗口简介

1. Excel 2010 窗口

Excel 的工作界面如图 4-1 所示。

（1）名称框

编辑栏的左侧是名称框，用以显示单元格地址或区域名称。如果没有定义名称，则名称框中显示活动单元格的地址。如图 4-2 所示，名称框中显示单元格的地址为"A1"。

（2）编辑栏

显示活动单元格中的数据或公式。当在活动单元格中输入数据时，数据将同时显示在编辑栏和活动单元格中，如图 4-2 所示。活动单元格 A1 中的数据是"课程表"，编辑栏中同时显示"课程表"；编辑栏中还将显示"取消"按钮 ☒ 和"输入"按钮 ☑。如果数据输入不正确，单击"取消"按钮来取消输入的数据；如果数据输入正确，单击"输入"按钮来确认输入的数据。

图 4-1　Excel 窗口

图 4-2　编辑状态

2. Excel 的基本要素

（1）工作簿

Excel 文档也称为"工作簿"（文件扩展名为".xls"），每个工作簿可包含多达 255 个工作表。启动 Excel 后，系统会自动新建一个空的工作簿文档，工作簿的默认名称为"工作簿 1"。

（2）工作表

工作表是工作簿窗口中的表格，一个新工作簿默认有 3 个工作表，分别命名为

sheet1、sheet2、sheet3。

工作表是由行和列组成的。行号用数字 1，2，3，…表示，列标用 A，B，C，…，Z，AA，AB，…表示。

（3）单元格

Excel 工作表中的每个格子称为"单元格"。单元格的位置由单元格地址标识。一个单元格地址通常由列标和行号组成。例如，"A1"是指表格左上角的第 1 列、第 1 行的单元格位置，"F5"是指第 5 列、第 5 行的单元格位置。

4.2　案例 1——制作工资统计表

启动 Excel 2010 后，会出现一个新的、空白的工作表 sheet1。当前的文件是一个默认名为 Book1 的工作簿，将其重命名为"工资统计表"。

4.2.1　案例及分析

1. 案例

制作工资统计表，如图 4-3 所示。

工资统计表					
编号	姓名	工作时间	部门	基本工资	岗位工资
G001	王储	1998 年 1 月 2 日	财务部	￥1,500.00	￥2,200.00
G002	崔永世	2000 年 3 月 4 日	销售部	￥1,250.0	￥800.0
G003	李红	2000 年 3 月 6 日	生产科	￥1,300.00	￥2,000.00
G004	张东明	2001 年 5 月 10 日	财务部	￥900.00	￥1,000.00
G005	胡有为	2003 年 4 月 27 日	生产科	￥400,00	￥300.00
G006	赵方	2002 年 3 月 21 日	财务部	￥850.00	￥1,050.00
G007	刘明	1988 年 5 月 14 日	销售部	￥1,800.00	￥3,600.00

图 4-3　工资统计表

2. 案例分析

通过本案例的学习，熟悉 Excel 的工作环境，体验创建电子表格的过程，并能完成相应的编辑和修饰。

4.2.2　操作步骤

1. 数据的基本输入

工资统计表中的"编号"列数据 G001，G002，…是一组有规律的数据，可以快速输入。

①选择单元格 A1。

②输入标题"工资统计表"。

③选择单元格 A2。

④输入文字"编号"。以此类推，一直到输入完成，如图 4-4 所示。

⑤单击"快速"工具栏中的"保存"按钮 🖫，保存文件。

工资统计表					
编号	姓名	工作时间	部门	基本工资	岗位工资
	王储	1998-1-2	财务部	1500	2200
	刘明	1988-5-4	销售部	1800	3600
	李红	2000-3-6	生产科	1300	2000
	张东明	2001-5-10	财务部	900	1000
	胡有为	2003-4-27	生产科	400	300
	赵方	2002-3-21	销售部	850	1050

图 4-4　工资统计表

小提示

提高输入数据效率的小窍门：

①按列顺序输入数据时，按 Enter 键，把光标快速移到本列中的下一个单元格。

②按行顺序输入数据时，按 Tab 键，把光标快速移到本行中的下一个单元格。

③单击单元格，是选定状态；双击单元格，是进入编辑状态，这时可以直接输入或编辑数据。

④单元格中如果出现"＃＃＃＃＃"的提示，表示该单元格的宽度不足以显示数据，双击单元格列标的右边线，可以将单元格的宽度调整为最合适的列宽，"＃＃＃＃＃＃"自动消失，单元格中的数据恢复正常显示。

2. 输入工资统计表中的编号序列数据

①选择单元格 A3。

②输入数据"G001"。

③将鼠标指针放在所选单元格右下角的填充柄上，鼠标变为实心的小"十"字。

④按住鼠标左键拖动到要复制的单元格上，则编号序列自动填充完成。

3. 表格的编辑与修饰

将"工资统计表"中第 4 行（刘明）的数据移到最后一行，在空出的行中输入新数据："崔永世"、"2000-3-4"、"销售"、"1250"、"800"。

①选择要移动的单元格或区域（鼠标单击"行号 4"）。

②单击"开始"选项卡中"剪贴板"工具组的"剪切"按钮（复制时，选择"复制"按钮）。

③选择目标位置（或单击目标区域左上角的单元格 A9）。

④单击"开始"选项卡中"剪贴板"工具组的"粘贴"按钮，完成数据的移动（或复制）操作。

⑤在第 4 行输入新数据。

⑥使用自动填充数据的方法重新调整编号。

与 Word 类似，也可以在选定单元格后，用鼠标拖动完成移动操作；按住 Ctrl 键，用鼠标拖动完成复制操作。

4. 设置单元格的行高和列宽

将"工资统计表"中的行高调整为 16；列宽调整为 11。

①选择"工资统计表"中的数据区域。

②选择"开始"选项卡中"单元格"工具组的"格式"按钮 ，然后选择"行高"命令，如图 4-5 所示。

③在"行高"对话框中输入数值"16"，然后单击"确定"按钮。

④选择"开始"选项卡中"单元格"工具组的"格式"按钮，然后选择"行高"命令，如图 4-6 所示。

⑤在"列宽"对话框中输入数值"11"，然后单击"确定"按钮，调整完成。

图 4-5　"行高"对话框　　　　图 4-6　"列宽"对话框

5. 工作表的格式化

使用"开始"选项卡"字体"工具组中的命令按钮，将"工资统计表"中的标题设置为：隶书、16 号字、加粗、红色并居中在表格的中部；表中内容设置为：宋体、10 号字。

①选择单元格区域 A1：F1。

②单击"格式"工具组上的"合并后居中"按钮 合并后居中 ，将标题跨列居中。

③单击"字体"框右侧的向下箭头，在弹出的字体列表中选择"隶书"。

④单击"字号"框右侧的向下箭头，在弹出的字号列表中选择"16"。

⑤单击"加粗"按钮 **B**，将标题字体加粗。

⑥单击"字体颜色"按钮 **A**·右侧的向下箭头，在弹出的颜色框中选择红色，如图 4-7所示。

工资统计表					
编号	姓名	工作时间	部门	基本工资	岗位工资
G001	王储	1998-1-2	财务部	1500	2200
G002	崔永世	2000-3-4	销售部	1250	800

图 4-7　表格标题及文字格式设置

⑦以同样的方法对表中内容进行设置。（也可以单击"字体"工具组中的"字体"按钮，打开"设置单元格设置"对话框，对字符进行格式设置。）

6. 数字、日期和时间的格式设置

使用菜单命令方法，将"工资统计表"中的"日期型"数据设置为"1998 年 1 月 2 日"。将"数字型"数据设置为货币格式。

①选择要设置日期的单元格的区域 C3：C9。

②单击"数字"工具组中的"数字"按钮，弹出"设置单元格格式"对话框。

③在"分类"中选择"日期"，在"类型"中选择"2001 年 3 月 14 日"，如图 4-8 所示，然后单击"确定"按钮。

④重新选择要设置数字的单元格区域 E3：F9。

⑤单击"数字"工具组中的"数字"按钮🔲，弹出"设置单元格格式"对话框。

⑥在"数字"选项中，在"分类"中选择"货币"，如图 4-9 所示。

⑦单击"确定"按钮，日期和数字格式设置完成，如图 4-10 所示。

图 4-8　设置日期格式

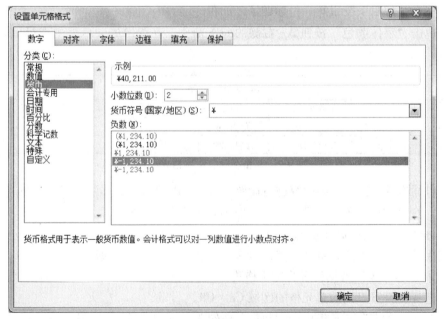

图 4-9　设置货币格式

工资统计表					
编号	姓名	工作时间	部门	基本工资	岗位工资
G001	王储	1998 年 1 月 2 日	财务部	￥1,500.00	￥2,200.00
G002	崔永世	2000 年 3 月 4 日	销售部	￥1,250.00	￥800.00
G003	李红	2000 年 3 月 6 日	生产科	￥1,300.00	￥2,000.00
G004	张东明	2001 年 5 月 10 日	财务部	￥900.00	￥1,000.00
G005	胡有为	2003 年 4 月 27 日	生产科	￥400.00	￥300.00
G006	赵方	2002 年 3 月 21 日	财务部	￥850.00	￥1,050.00
G007	刘明	1988 年 5 月 4 日	销售部	￥1,800.00	￥3,600.00

图 4-10 设置字符、日期、数字格式后的"工资统计表"

7. 设置水平方向与垂直方向的对齐方式

将"工资统计表"中的所有数据设置为水平居中和垂直居中的对齐方式。

①选择"工资统计表"中的数据区域 A1：F9。

②单击"对齐方式"工具组中的 按钮，设置水平居中；单击"对齐方式"工具组中的 按钮，设置垂直居中。

8. 设置边框和背景图案

为"工资统计表"添加边框：外框粗线、内框细线；为标题加背景：茶色。

①选择"工资统计表"中的数据区域 A1：F9。

②单击"字体"工具组中的 按钮，打开"设置单元格格式"对话框。

③单击"边框"选项，先选择线条样式"粗线"，并单击"外边框"按钮；再选择线条样式"细线"，并单击"内部"按钮，如图 4-11 所示，然后单击"确定"按钮。

④单击"字体"工具组中"填充颜色"按钮右边的箭头，在下拉菜单中选择茶色，如图 4-12 所示；也可以在"设置单元格格式"对话框的"填充"选项中设置。

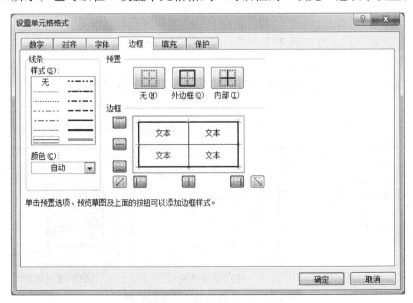

图 4-11 设置边框

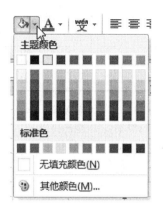

图 4-12　设置底色

通过对"工资统计表"进行格式化设置后，表格的样式如图 4-13 所示。

工资统计表					
编号	姓名	工作时间	部门	基本工资	岗位工资
G001	王储	1998 年 1 月 2 日	财务部	￥1,500.00	￥2,200.00
G002	崔永世	2000 年 3 月 4 日	销售部	￥1,250.00	￥800.00
G003	李红	2000 年 3 月 6 日	生产科	￥1,300.00	￥2,000.00
G004	张东明	2001 年 5 月 10	财务部	￥900.00	￥1,000.00
G005	胡有为	2003 年 4 月 27 日	生产科	￥400.00	￥300.00
G006	赵方	2002 年 3 月 21 日	财务部	￥850.00	￥1,050.00
G007	刘明	1988 年 5 月 4 日	销售部	￥1,800.00	￥3,600.00

图 4-13　表格格式设置

4.2.3　相关知识

1. 快速复制数据

将已有的数据快速复制到周围的单元格中，操作步骤如下：

①选中单元格 A1 并输入数据"姓名"。

②将鼠标指针放在所选单元格右下角的填充柄上，鼠标变为实心的小"十"字。

③按住鼠标左键拖动到要复制的单元格上，则复制数据完成，如图 4-14 所示。

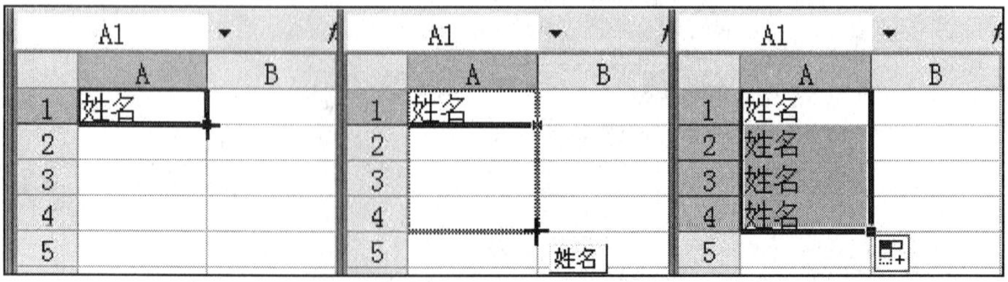

（a）选中单元格　　　（b）拖动填充柄　　　（c）填充数据

图 4-14　拖动填充柄快速复制数据

小提示

　　鼠标空心"十"字指针与鼠标实心"十"字指针的拖动功能是不同的。拖动空心"十"字指针（🕂）是选中一个区域；拖动实心"十"字指针（十）是进行区域填充复制。

　　2. 数据序列自动填充

　　在日常操作中，有些数据组是有规律的，例如，日期、时间、星期、月份、季度以及包含阿拉伯数字的任何文本序列，都可以实现自动填充，使数据的输入简单、方便。

　　其操作步骤如下：

　　①选择单元格 A2，输入"星期一"。

　　②将鼠标指针放在所选单元格右下角的填充柄上，鼠标变为实心的小"十"字。

　　③按住鼠标左键拖动到要复制的单元格上，则数据自动填充完成。

　　④按照上面的方法可以输入许多数据序列，如图 4-15 所示。

	A	B	C	D	E	F	G	H
1	星期	日期	时间	季度	月份	包含阿拉伯数字的任何文本		
2	星期一	1月1日	8：10	第一季	一月	产品1	第1名	1号资料
3	星期二	1月2日	9：10	第二季	二月	产品2	第2名	2号资料
4	星期三	1月3日	10：10	第三季	三月	产品3	第3名	3号资料
5	星期四	1月4日	11：10	第四季	四月	产品4	第4名	4号资料
6								

图 4-15　自动填充序列

　　如果要填充阿拉伯数字或等差数列等，则在单元格中输入数字"1"，在下面的单元格中输入数字"2"，然后选择这两个单元格，用鼠标拖动填充柄到其他的单元格中即可，如图 4-16 所示。

图 4-16　数字序列的填充

　　3. 创建自定义填充序列

　　Excel 内置有许多自定义序列，用户也可以使用工作表中的已有数据或以临时输入的方式来建立常用的自定义序列。例如，建立序列第一名、第二名、第三名、第四名、第五名。其操作步骤如下：

　　①选择"文件"→"选项"命令，弹出"Excel 选项"对话框。在左边选择"高级"选项，在右边单击"常规"下的"编辑自定义列表"按钮，如图 4-17 所示。

　　②弹出"自定义序列"对话框，在"自定义序列"列表框中选择"新序列"，然后在"输入序列"列表框中输入新序列："第一名，第二名，第三名，第四名，第五名"，

如图 4-18 所示。

③单击"添加"按钮，则新序列出现在"自定义序列"列表框中，然后单击"确定"按钮。

图 4-17　"Excel 选项"对话框

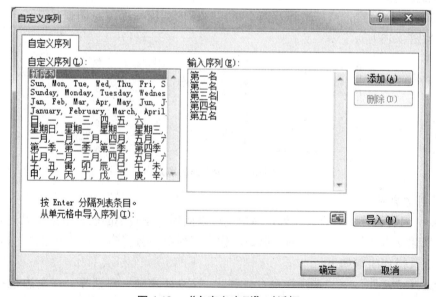

图 4-18　"自定义序列"对话框

自定义序列建立完成后，可以按照上面介绍的方法使用自定义数据序列，操作步骤如下：

①选择单元格，然后输入序列中的第一项："第一名"。

②将鼠标指针放在所选单元格右下角的填充柄上，鼠标变为实心的小"十"字。

③按住鼠标左键拖动到要复制的单元格上，则自定义序列自动填充完成，如图 4-19 所示。

	A	B	C	D	E	F
1	第一名	第二名	第三名	第四名	第五名	
2						
3						

图 4-19　自定义序列的输入

4. 行、列、单元格的插入、删除、清除

根据需要，可以在当前表中选定的单元格、行、列的位置上插入一整行、一整列、一个新的单元格等。

（1）行、列的插入

操作步骤如下：

①选择一行或一列（鼠标单击某行的行号或某列的列标）。

②单击"开始"选项卡中"单元格"工具组中的"插入"按钮，在下拉菜单中选择"插入工作表行"（或"插入工作表列"）命令，如图 4-20 所示；或单击鼠标右键，在弹出的快捷菜单中选择"插入"命令。

在选择的行位置将插入一行空行，原有行的数据下移；在选择的列位置将插入一列空列，原有列的数据右移。

（2）单元格的插入

操作步骤如下：

①选择单元格。

②单击"开始"选项卡中"单元格"工具组中的"插入"按钮，在下拉菜单中选择"插入单元格"命令（或单击鼠标右键，在弹出的快捷菜单中选择"插入"命令），此时出现"插入"对话框，如图 4-21 所示。

图 4-20　插入菜单

图 4-21　"插入"对话框

③在对话框中选择"活动单元格右移"或"活动单元格下移"，将插入一个单元格。此命令也可以插入"行"或"列。"

（3）行、列的删除

操作步骤如下：

①选择要删除的行或列（鼠标单击某行的行号或某列的列标）。

②选择"编辑"→"删除"命令（或单击鼠标右键，在弹出的快捷菜单中选择"删除"命令）。此时，被选中的行或列将被删除。

（4）单元格的删除

操作步骤如下：

①选择要删除的单元格。

②单击"开始"选项卡"单元格"工具组中的"删除"按钮，在下拉菜单中选择"插入单元格"命令，如图 4-22 所示（或单击鼠标右键，在弹出的快捷菜单中选择"删除"命令）。此时出现"删除"对话框，如图 4-23 所示。

③在对话框中选择"活动单元格左移"或"活动单元格上移"命令，删除一个单元格。

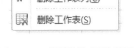

图 4-22　"删除"下拉菜单　　　图 4-23　"删除"对话框

（5）单元格数据的清除

清除单元格数据的含义是保留单元格的位置，只删除单元格全部或部分的属性，即删除单元格的格式、内容或批注。

操作步骤如下：

①选择要清除的单元格区域。

选择"编辑"工具组中的"清除"命令，将出现下拉菜单，如图 4-24 所示。

● 全部清除：清除选定区域内单元格中的所有属性，使之成为空单元格。

● 清除格式：清除选定区域内单元格中所有设置的格式，内容和批注不变。

● 清除内容：清除选定区域内单元格中的内容，但设置的格式等不变。

● 清除批注：清除选定区域内单元格中的批注，其他不变。

● 清除超链接：清除选定区域内单元格中的超级链接，其他不变。

②根据需要选择其中的一项，然后单击"确定"按钮。

图 4-24　"清除"下拉菜单

小提示

如果只想清除单元格区域的内容，可以在选定单元格区域后，按 Del 键。

5. 自动套用格式

自动套用格式是预先定义好的格式集合。Excel 提供多种自动套用格式，进行格式设置时，不必分别设置字体、字号、颜色、边框等，只需要选择一种自动套用格式就可以了。

操作步骤如下：

①选择要设置格式的单元格区域。

②选择"样式"工具组中的"套用表格格式"命令，在下拉的格式列表中选择一种合适的格式。

在默认情况下，每个工作簿有 3 张工作表。可以选择对某个工作表进行操作，还可以对工作表进行改名、复制、移动等操作。

6. 工作表管理——选择工作表

在对工作表进行操作前，首先要选择工作表，使之成为当前工作表。

选择工作表的方法如下：

① 选择单个工作表：单击该工作表标签，如 Sheet1╱Sheet2╱Sheet3╱ 。

②选择相邻的多个工作表：先单击第一张工作表标签，然后按着 Shift 键单击最后一张工作表标签。

③选择不相邻的多张工作表：按着 Ctrl 键的同时，单击每张工作表标签。

7. 工作表管理——插入工作表

操作步骤如下：

①右击工作表标签，在弹出的快捷菜单中选择"插入"命令。

②在当前选择的工作表之前插入一个新工作表。

8. 删除工作表

对于没有用的工作表，可以将其删除。操作步骤：右击工作表标签，在弹出的快捷菜单中选择"删除"命令。

9. 重命名工作表

为了直观表达工作表的内容，往往不采用默认的工作表名 Sheet1、Sheet2、Sheet3，而是改为与工作表内容相关的名称。例如，将工作表名 Sheet1 改名为"工资统计表"。

重命名工作表的步骤如下：

①双击要改名的工作表标签 Sheet1。

②输入新的工作表名称"工资统计表"，则效果为 工资统计表╱Sheet2╱Sheet3╱ 。

10. 移动和复制工作表

工作表可以在工作簿内或工作簿之间移动和复制。

操作步骤如下：

①右击要移动或复制的工作表标签，在弹出的快捷菜单中选择"移动或复制"命令。

②弹出"移动或复制工作表"对话框，如图4-25所示。

③在对话框中，选择移动或复制后的位置，如Sheet3（如果是移动，不选择"建立副本"；如果是复制，选择"建立副本"）。

图4-25 "移动或复制工作表"对话框

④单击"确定"按钮。

🔍 **小提示**

快速移动或复制工作表采用鼠标拖动法，即选择要移动或复制的工作表，然后按住鼠标左键直接拖动，完成移动；按住Ctrl键拖动，完成复制。

一个工作簿可以有多张工作表，而当前工作表只有一个，窗口中显示的也只有一张工作表。如果希望同时查看两张以上的工作表，要多开窗口，在各个窗口中显示不同的工作表。

11. 窗口的管理——打开多个窗口

打开多个窗口的操作步骤：选择"视图"选项卡"窗口"工具组中的"新建窗口"命令按钮，系统即打开一个新的窗口。

12. 窗口的管理——重排窗口

当打开多个窗口并在不同窗口中打开不同的文件时，希望在屏幕上同时显示多个窗口中的内容，此时要将窗口重新排列。操作步骤如下：

①单击"视图"选项卡中"窗口"工具组的"全部重排"命令按钮 ▤，弹出"重排窗口"对话框，如图4-26所示。

● 平铺：将多个窗口平铺在屏幕上。

● 水平并排：将多个窗口按水平方向紧凑排列。

图4-26 "重排窗口"对话框

● 垂直并排：将多个窗口按垂直方向紧凑排列。

● 层叠：将多个窗口沿对角线方向一个压一个层叠排列，依次显示出标题栏。

②在对话框中，选择一项。

③单击"确定"按钮。

如果要将某个工作表窗口还原到整屏显示，单击工作表窗口右上角的"最大化"按钮。

13. 窗口拆分和表头冻结

在对工作表进行操作时，经常希望作为表头的行或列在窗口改变时具有相对固定的位置，这时采取窗口拆分和表头冻结的方法来完成。

（1）窗口拆分

利用窗口拆分，可以同时查看工作表不同部分的内容，并可以分别对各块信息进行处理。

操作步骤如下：

①选择某一单元格。

②单击"视图"选项卡中"窗口"工具组的"拆分"命令按钮 ⊟拆分，则以该单元格左上角为中心将窗口拆分成四个窗格。

③将鼠标放在拆分线框上，鼠标形状变为 ↔ 或 ↕ 时，按住鼠标左键拖动，分别改变左、右或上、下窗格的大小，如图 4-27 所示。

④如果想取消拆分，再次单击"拆分"命令按钮，或者双击拆分线框，取消一个方向的拆分；双击拆分线框的交点，可以取消两个方向的拆分。

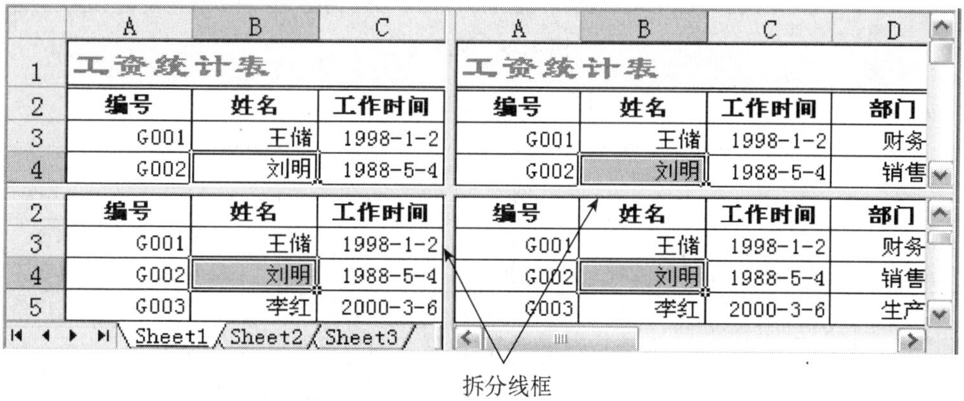

图 4-27　窗口的拆分

（2）表头冻结

通过表头冻结，使被冻结的数据区域（窗格）不会随着工作表的其他部分一起移动，并能始终保持可见。

表头冻结的操作步骤如下：

①先将窗口拆分，拖动分割线到合适位置（如前所述）。

②单击"视图"选项卡中"窗口"工具组的"冻结窗格"命令按钮，在下拉菜单中选择"冻结拆分窗格"命令，如图 4-28 所示，操作完成。

③如果想取消窗口"冻结"，单击"冻结窗格"命令按钮，在下拉菜单中选择"取消冻结窗格"命令。

在处理较大的工作表时，往往需要向表格下部输入数据，又要看到表头标题，就可以使用"冻结窗格"命令，很方便、实用。

图 4-28 "冻结窗格"下拉菜单

4.2.4 上机实训

1. 实训目的

了解和掌握数据的不同输入方法，掌握表格格式化的操作。

2. 实训内容

（1）制作课程表

要求：

①使用快速复制数据和自动填充的方法输入课程表内容，如图 4-29 所示。

课程表					
	星期一	星期二	星期三	星期四	星期五
第一节	数学	计算机	英语	数学	英语
第二节	数学	计算机	英语	数学	英语
第三节	语文	哲学	自习	计算机	自习
第四节	语文	哲学	自习	计算机	自习
第五节	体育	上机实践	英语广角	上机实践	英语广角
第六节	体育	上机实践	英语广角	上机实践	英语广角

图 4-29 课程表

②将课程表"转置"复制，如图 4-30 所示。

课程表					
	第一节	第二节	第三节	第四节	第五节	第六节
星期一	数学	数学	语文	语文	体育	体育
星期二	计算机	计算机	哲学	哲学	上机实践	上机实践
星期三	英语	英语	自习	自习	英语广角	英语广角
星期四	数学	数学	计算机	计算机	上机实践	上机实践
星期五	英语	英语	自习	自习	英语广角	英语广角

图 4-30 课程表"转置"复制

（2）制作学生成绩统计表

要求：

①输入数据并格式化表格。

②第一行标题：楷体、14 号字、加粗、居中（水平方向、垂直方向居中）、红色。

③第二行文字（班级、姓名……）：宋体、12 号字、加粗、居中（水平方向居中）。

④其他各行文字：宋体、12 号字、右对齐。

⑤数值型数据（英语、计算机的分值）保留小数 1 位。

⑥调整行高为：15；列宽为：9。

⑦标题行加底纹：浅绿色。

⑧表格边框：外框双细线，内框单细线，如图 4-31 所示。

学生成绩统计表			
班级	姓名	英语	计算机
1班	王英	87.0	96.0
1班	刘红	78.0	76.0
1班	李刚	62.0	70.0
1班	赵英杰	94.0	67.0
2班	吴江	40.0	48.0
2班	武光明	96.0	96.0
2班	马小鹏	84.0	90.0
2班	胡明月	70.0	84.0

图 4-31　学生成绩统计表

4.3　案例 2——工资统计表的计算

了解和掌握 Excel 公式及常用函数的使用方法，熟悉单元格引用的含义及应用，掌握数据管理的基本方法。

4.3.1　案例及分析

对工资统计表进行相关数据的计算与统计，如图 4-32 所示。

	A	B	C	D	E	F	G	H	I	J
1	工资统计表									
2	编号	姓名	工作时间	部门	基本工资	岗位工资	工资总额	扣保险	实发数	备注
3	G006	赵方	2002年3月21日	财务部	¥850.00	¥1,050.00	¥1,900.00	35	¥1,865.00	低收入
4	G004	张东明	2001年5月10日	财务部	¥900.00	¥1,000.00	¥1,900.00	35	¥1,865.00	低收入
5	G001	王储	1998年1月2日	财务部	¥1,500.00	¥2,200.00	¥3,700.00	35	¥3,665.00	中等收入
6	G005	胡有为	2003年4月27日	生产科	¥400.00	¥300.00	¥700.00	18	¥682.00	低收入
7	G003	李红	2000年3月6日	生产科	¥1,300.00	¥2,000.00	¥3,300.00	35	¥3,265.00	中等收入
8	G002	崔永世	2000年3月4日	销售部	¥1,250.00	¥800.00	¥2,050.00	50	¥2,000.00	低收入
9	G007	刘明	1988年5月4日	销售部	¥1,800.00	¥3,600.00	¥5,400.00	35	¥5,365.00	高收入
10					¥1,800.00		¥700.00			
11	平均值				¥1,142.86	¥1,564.29	¥2,456.25	¥34.71	¥2,672.43	
12	总人数	高收入	中等收入	低收入						
13	7	1	2	4						

图 4-32　工资统计表

4.3.2　操作步骤

1. 在工资统计表中补充输入数据并计算其中的"工资总额"

工资总额＝基本工资＋岗位工资

这里使用求和函数计算，如图 4-33 所示。

	A	B	C	D	E	F	G	H	I	J
1	工资统计表									
2	编号	姓名	工作时间	部门	基本工资	岗位工资	工资总额	扣保险	实发数	备注
3	G001	王储	1998年1月2日	财务部	¥1,500.00	¥2,200.00		35		
4	G002	崔永世	2000年3月4日	销售部	¥1,250.00	¥800.00		50		
5	G003	李红	2000年3月6日	生产科	¥1,300.00	¥2,000.00		35		
6	G004	张东明	2001年5月10日	财务部	¥900.00	¥1,000.00		35		
7	G005	胡有为	2003年4月27日	生产科	¥400.00	¥300.00		18		
8	G006	赵方	2002年3月21日	财务部	¥850.00	¥1,050.00		35		
9	G007	刘明	1988年5月4日	销售部	¥1,800.00	¥3,600.00		35		
10										
11	平均值									
12	总人数	高收入	中等收入	低收入						
13										

图 4-33　工资统计表

①选择单元格 G3。

②单击“编辑”工具组上的“自动求和”按钮 Σ 自动求和 ▾，Excel 将自动插入求和公式，并将所选单元格左边或上方的单元格区域作为参数，如图 4-34 所示。

③当所选参数区域（E3∶F3）是所要的求和区域时，按回车键确认；如果所选参数区域不是所要的求和区域，直接使用鼠标在表格上选择要求和的区域，再按回车键确认。

SUM ▾ × ✓ fx =SUM(E3:F3)

	A	B	C	D	E	F	G	H	I	J
1	工资统计表									
2	编号	姓名	工作时间	部门	基本工资	岗位工资	工资总额	扣保险	实发数	备注
3	G001	王储	1998年1月2日	财务部	¥1,500.00	¥2,200.00	=SUM(E3:F3)			
4	G002	崔永世	2000年3月4日	销售部	¥1,250.00	¥800.00	SUM(number1, [number2], ...)			

图 4-34　求和计算

④选择求出结果的单元格（G3）。

⑤用鼠标按住单元格右下角的填充柄，向下拖动复制，计算出所有人的“工资总额”。

计算表格中的“实发数”：实发数＝工资总额－扣保险。

⑥选择单元格（I3）。

⑦输入公式“＝G3－H3”。

⑧按回车键确认

⑨选择求出结果的单元格（I3）。

⑩用鼠标按住单元格右下角的填充柄，向下拖动复制，计算出所有人的“实发数”。

2. 计算表格中基本工资、岗位工资、工资总额、扣保险、实发数的平均值

①选择单元格 E11，然后单击“编辑”工具组中“自动求和”按钮右边向下的箭头，在下拉菜单中选择“平均值”函数，如图 4-35 所示。

②选择函数后随即选择数据区域，用鼠标在表格上直接拖动选择区域 E3∶E9，如图 4-36 所示。

基本工资	岗位工资	工资总额
¥1,500.00	¥2,200.00	¥3,700.00
¥1,250.00	¥800.00	¥2,050.00
¥1,300.00	¥2,000.00	¥3,300.00
¥900.00	¥1,000.00	¥1,900.00
¥400.00	¥300.00	¥700.00
¥850.00	¥1,050.00	¥1,900.00
¥1,800.00	¥3,600.00	¥5,400.00
	=AVERAGE(E3:E9)	
	AVERAGE(**number1**, [number2], ...)	

图 4-35　在编辑栏左端选择函数　　　　图 4-36　选择数据区域

③单击"确定"按钮或 ✓ 按钮。使用鼠标拖动的方法计算出其他各项的平均值。

3. 用 IF 条件函数统计出"备注"字段的值

工资统计表中的"备注"字段显示的是"低收入","中等收入"和"高收入",要求计算统计的是:工资总额＞＝5000,"高收入";工资总额＞＝2500,"中等收入";工资总额＜800,"低收入"。这是一个逻辑判断问题,需要用 IF 条件函数解决。

①选择单元格 G3,输入等号"="。

②在编辑栏左端的函数框中选择 IF 函数,弹出 IF"函数参数"对话框,如图 4-37 所示。

③在"Logical_test"对话框中输入"G3＞＝5000",在"Value_if_true"对话框中输入"高收入";然后将鼠标移动到"Value_if_false"对话框,再一次进行判断,并再一次在编辑栏左端的函数框中选择 IF 函数,弹出 IF"函数参数"对话框。

④在"Logical_test"对话框中输入"G3＞＝2500",在"Value_if_true"对话框中输入"中等收入",然后将鼠标移动到"Value_if_false"对话框,并输入"低收入",如图 4-38 所示。

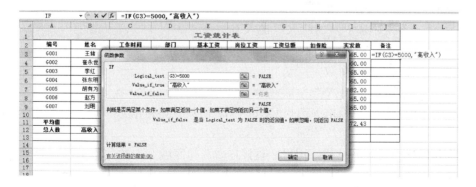

图 4-37　IF"函数参数"对话框（1）

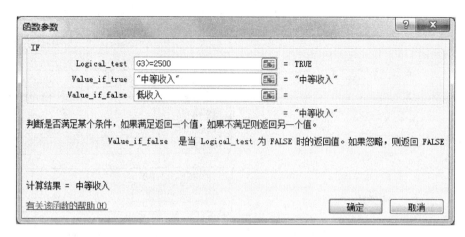

图 4-38　IF "函数参数" 对话框（2）

⑤单击 "确定" 按钮。使用鼠标拖动的方法计算出其他各项的 "备注" 值。计算后的工资统计表如图 4-39 所示。

J3			f_x	=IF(G3>=5000,"高收入",IF(G3>=2500,"中等收入","低收入"))					
	A	B	C	D	E	F	G	H	I	J
1					工资统计表					
2	编号	姓名	工作时间	部门	基本工资	岗位工资	工资总额	扣保险	实发数	备注
3	G001	王铸	1998年1月2日	财务部	¥1,500.00	¥2,200.00	¥3,700.00	35	¥3,665.00	中等收入
4	G002	崔永世	2000年3月4日	销售科	¥1,250.00	¥800.00	¥2,050.00	50	¥2,000.00	低收入
5	G003	李红	2000年3月6日	生产科	¥1,300.00	¥2,000.00	¥3,300.00	35	¥3,265.00	中等收入
6	G004	张东明	2001年5月10日	财务部	¥900.00	¥1,000.00	¥1,900.00	35	¥1,865.00	低收入
7	G005	胡有为	2003年4月27日	生产科	¥400.00	¥300.00	¥700.00	18	¥682.00	低收入
8	G006	赵方	2002年3月21日	财务部	¥850.00	¥1,050.00	¥1,900.00	35	¥1,865.00	低收入
9	G007	刘明	1988年5月4日	销售部	¥1,800.00	¥3,600.00	¥5,400.00	35	¥5,365.00	高收入

图 4-39　完成的工资统计表

4．统计工资统计表中的 "总人数"

工资统计表中的 "总人数" 是统计有多少个职工，所以要使用统计函数（COUNTA）。

①选择单元格 A13，输入等号 "="。

②在编辑栏左端的函数框中选择其他函数，在弹出的对话框中选择 COUNTA 函数，将弹出 COUNTA "函数参数" 对话框。

③将光标移动到 Value1 栏输入框，用鼠标在表格上直接拖动选择区域 A3：A9。

④单击 "确定" 按钮，如图 4-40 所示。

5．统计工资统计表中 "高收入" 的人数

工资统计表中的 "高收入" 栏是统计有多少职工的工资总额超过 5000 元，即 "备注" 字段中 "高收入" 的个数。

①选择单元格 B13，输入 "="。

②在编辑栏左端的函数框中选择 COUNTIF 函数，将弹出 COUNTIF "函数参数" 对话框。

③将光标移动到 Range 栏，用鼠标直接拖动选择区域 J3：J9，并在 Criteria 栏输入条件 "高收入"。

④单击 "确定" 按钮，如图 4-41 所示。用同样的方法计算出其他项的值，如图 4-42 所示。

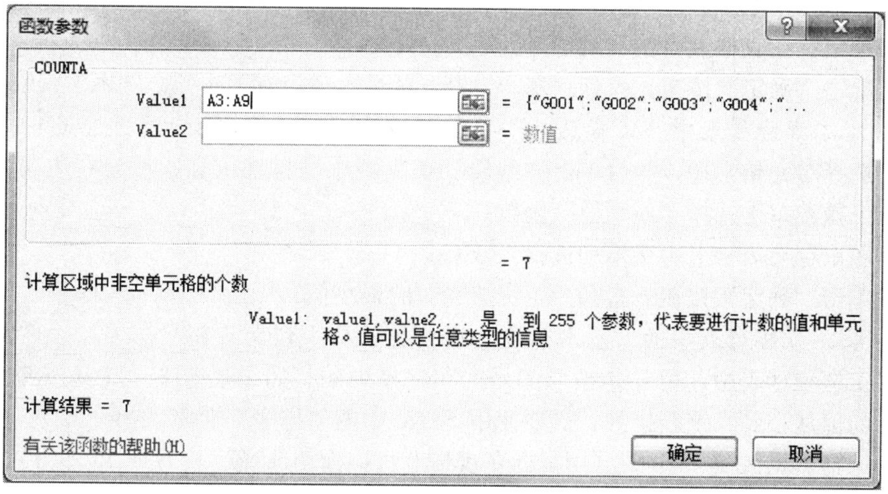

图 4-40　COUNTA "函数参数"对话框（1）

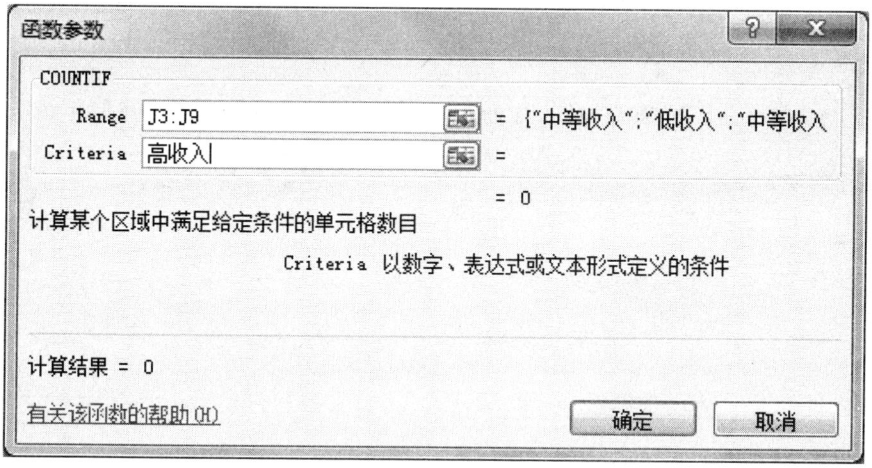

图 4-41　COUNTIF "函数参数"对话框（2）

	A	B	C	D	E	F	G	H	I	J
1	工资统计表									
2	编号	姓名	工作时间	部门	基本工资	岗位工资	工资总额	扣保险	实发数	备注
3	G001	王娟	1998年1月2日	财务部	¥1,500.00	¥2,200.00	¥3,700.00	35	¥3,665.00	中等收入
4	G002	崔永世	2000年3月4日	销售部	¥1,250.00	¥800.00	¥2,050.00	50	¥2,000.00	低收入
5	G003	李红	2000年3月6日	生产科	¥1,300.00	¥2,000.00	¥3,300.00	35	¥3,265.00	中等收入
6	G004	张东明	2001年5月10日	财务部	¥900.00	¥1,000.00	¥1,900.00	35	¥1,865.00	低收入
7	G005	胡有为	2003年4月27日	生产科	¥400.00	¥300.00	¥700.00	18	¥682.00	低收入
8	G006	赵方	2002年3月21日	财务部	¥850.00	¥1,050.00	¥1,900.00	35	¥1,865.00	低收入
9	G007	刘明	1988年5月4日	销售部	¥1,800.00	¥3,600.00	¥5,400.00	35	¥5,365.00	高收入
10										
11	平均值				¥1,142.86	¥1,564.29	¥2,707.14	¥34.71	¥2,672.43	
12	总人数	高收入	中等收入	低收入						
13	7	1	2	4						

图 4-42　完成计算后的工资统计表

6. 求工资统计表中"基本工资"字段中的最大值，将其放于单元格 E10 中
①选择单元格 E10，然后单击"编辑"工具组中"自动求和"按钮右边向下的箭

头，并在下拉菜单中选择"最大值"函数。

②用鼠标在表格上直接拖动选择区域 E3：E9。

③单击"确定"按钮，得到"基本工资"的最大值。

7. 求工资统计表中"工资总额"字段中的最小值，将其放于单元格 G10 中

①选择单元格 G10，然后单击"编辑"工具组中"自动求和"按钮右边向下的箭头，在下拉菜单中选择"最小值"函数。

②用鼠标在表格上直接拖动选择区域 G3：G9。

③单击"确定"按钮，得到"工资总额"的最小值。

8. 将工资统计表中的"基本工资"项按其值从小到大排列

在工资统计表中，目前是按照编号的顺序排列的。如果想改变，让其按照"基本工资"的值从小到大重新排列，需要使用 Excel 中的"排序"功能。

①选择数据区域 A2：J9（用鼠标在表格上直接拖动选择区域 A2：J9 即可）。

②单击"编辑"工具组中的"排序和筛选"命令按钮，在弹出的下拉菜单中选择"自定义排序"命令，弹出"排序"对话框，如图 4-43 所示。

③选择主要关键字"基本工资"，再选择"次序"为"升序"，然后单击"确定"按钮。

图 4-43　"排序"对话框

9. 在工资统计表中筛选出"部门"是"财务部"的所有人员

①选择数据区域中的任一单元格，如 A3。

②单击"编辑"工具组中的"排序和筛选"命令按钮，在弹出的下拉菜单中选择"筛选"命令，在字段名右侧出现"自动筛选"箭头。

③单击"部门"字段右侧的"自动筛选"箭头，打开"自动筛选"选项菜单，在其中选择"财务部"，如图 4-44 所示。筛选结果如图 4-45 所示。

10. 在工资统计表中筛选出"工资总额"在 1500～2500 的数据

①选择数据区域中的任一单元格，如 A3。

②单击"编辑"工具组中的"排序和筛选"命令按钮，在弹出的下拉菜单中选择"筛选"命令，在字段名右侧出现"自动筛选"箭头。

单击"工资总额"字段右侧的"自动筛选"箭头，然后选择"自动筛选"→"自定义筛选"命令，弹出"自定义自动筛选方式"对话框。

③在对话框中输入相关条件，如图 4-46 所示。

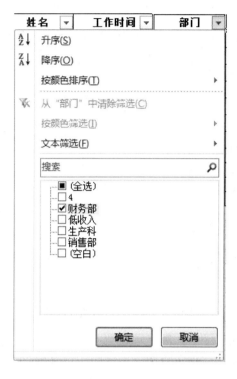

图 4-44 "自动筛选"选项菜单

	A	B	C	D	E	F	G	H	I	J
1	工资统计表									
2	编号	姓名	工作时间	部门	基本工资	岗位工资	工资总额	扣保险	实发数	备注
4	G006	赵方	2002年3月21日	财务部	¥850.00	¥1,050.00	¥1,900.00	35	¥1,865.00	低收入
5	G004	张东明	2001年5月10日	财务部	¥900.00	¥1,000.00	¥1,900.00	35	¥1,865.00	低收入
8	G001	王储	1998年1月2日	财务部	¥1,500.00	¥2,200.00	¥3,700.00	35	¥3,665.00	中等收入

图 4-45 "自动筛选"后的表格数据

图 4-46 "自定义自动筛选方式"对话框

④单元"确定"按钮，筛选结果如图 4-47 所示。

	A	B	C	D	E	F	G	H	I	J
1				工资统计表						
2	编号 ▼	姓名 ▼	工作时间 ▼	部门 ▼	基本工资 ▼	岗位工资 ▼	工资总额 ▼	扣保险 ▼	实发数 ▼	备注 ▼
4	G006	赵方	2002年3月21日	财务部	¥850.00	¥1,050.00	¥1,900.00	35	¥1,865.00	低收入
5	G004	张东明	2001年5月10日	财务部	¥900.00	¥1,000.00	¥1,900.00	35	¥1,865.00	低收入
6	G002	崔永世	2000年3月4日	销售部	¥1,250.00	¥800.00	¥2,050.00	50	¥2,000.00	低收入

图 4-47 自定义筛选后的表格

11. 使用高级筛选命令筛选出财务部工资总额大于 2500 元的数据

①首先在第一行上面插入几行空行。

②将数据区中的字段名（编号、姓名……）复制到第一行。

③在条件区域中输入条件，如图 4-48 所示。

编号	姓名	工作时间	部门	基本工资	岗位工资	工资总额	扣保险	实发数	备注
			财务部			>2500			
编号	姓名	工作时间	部门	基本工资	岗位工资	工资总额	扣保险	实发数	备注
G005	胡有为	2003年4月27日	生产科	¥400.00	¥300.00	¥700.00	18	¥682.00	低收入
G006	赵方	2002年3月21日	财务部	¥850.00	¥1,050.00	¥1,900.00	35	¥1,865.00	低收入
G004	张东明	2001年5月10日	财务部	¥900.00	¥1,000.00	¥1,900.00	35	¥1,865.00	低收入

条件区域
数据区域

图 4-48 高级筛选的条件区域

④选择数据区域中的任一单元格，如 D7。

⑤单击"数据"选项卡"排序筛选"工具组中"高级"命令按钮，弹出"高级筛选"对话框。

⑥在对话框中，对于"列表区域"和"条件区域"，用鼠标在数据区域中直接选择，如图 4-49 所示。

图 4-49 "高级筛选"对话框

⑦单击"确定"按钮，筛选结果如图 4-50 所示。

编号	姓名	工作时间	部门	基本工资	岗位工资	工资总额	扣保险	实发数	备注
G001	王储	1998 年 1 月 2 日	财务部	¥1,500.00	¥2,200.00	¥3,700.00	35	¥3,665.00	中等收入

图 4-50 筛选后的工资统计表

如果要取消筛选结果，选择"排序和筛选"→"清除"命令。

12. 分类汇总

统计工资统计表中各部门的"基本工资"、"岗位工资"、"工资总额"的平均值。

在工资统计表中的记录是按编号排列的，如果需要根据"部门"来统计各部门的平均"基本工资"、"岗位工资"、"工资总额"，需要使用分类汇总方法。其中，

● 分类字段：部门

● 汇总项：基本工资、岗位工资、工资总额。

● 汇总方式：平均值。

在使用分类汇总前，要对"分类字段"进行排序（可以根据需要按升序或降序排列）。

①选择分类字段"部门"列中的任一单元格，如 D3。

②单击"编辑"工具组中的"排序和筛选"命令按钮，在弹出的下拉菜单中选择"升序"命令按钮 ↓，则"部门"列中的数据按升序排列。

③单击"数据"选项卡"分组显示"工具组中的"分类汇总"命令按钮，弹出"分类汇总"对话框，如图 4-51 所示。

④在对话框中"分类字段"为"部门"；"汇总方式"为"平均值"；"选定汇总项"选中"基本工资"、"岗位工资"、"工资总额"。

⑤单击"确定"按钮，分类汇总后的结果如图 4-52 所示。

图 4-51　"分类汇总"对话框

编号	姓名	工作时间	部门	基本工资	岗位工资	工资总额	扣保险	实发数	备注
G006	赵方	2002 年 3 月 21 日	财务部	¥850.00	¥1,050.00	¥1,900.00	35	¥1,865.00	低收入
G004	张东明	2001 年 5 月 10 日	财务部	¥900.00	¥1,000.00	¥1,900.00	35	¥1,865.00	低收入
G001	王储	1998 年 1 月 2 日	财务部	¥1,500.00	¥2,200.00	¥3,700.00	35	¥3,665.00	中等收入
			财务部平均值	¥1,083.33	¥1,416.67	¥2,500.00			
G005	胡有为	2003 年 4 月 27 日	生产科	¥400.00	¥300.00	¥700.00	18	¥682.00	低收入
G003	李红	2000 年 3 月 6 日	生产科	¥1,300.00	¥2,000.00	¥3,300.00	35	¥3,265.00	中等收入
			生产科平均值	¥850.00	¥1,150.00	¥2,000.00			
G002	崔永世	2000 年 3 月 4 日	销售部	¥1,250.00	¥800.00	¥2,050.00	50	¥2,000.00	低收入
G007	刘明	1988 年 5 月 4 日	销售部	¥1,800.00	¥3,600.00	¥5,400.00	35	¥5,365.00	高收入
			销售部平均值	¥850.00	¥3,200.00	¥2,725.00			
			总计平均值	¥1,142.86	¥1,564.29	¥2,707.14			

图 4-52　分类汇总后的工资统计表

如果要取消分类汇总，选择"分类汇总"命令，然后在弹出的对话框中单击"全部删除"按钮。

13. 为工资统计表建立数据透视表

①选择要建立数据透视表的区域 A2：J9。

②单击"插入"选项卡"表格"工具组中的"数据透视表"命令按钮，弹出"创建数据透视表"对话框，如图 4-53 所示。

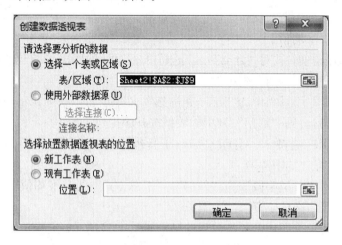

图 4-53　"创建数据透视表"对话框

③确定要建立数据透视表的数据源区域，然后选择数据透视表显示位置："新建工作表"，最后单击"确定"按钮。

④插入工作表 Sheet5，如图 4-54 所示。

图 4-54　数据透视表工作表

⑤在"数据透视表字段列表"对话框中将字段名"姓名"拖到"行"位置，将字段名"部门"拖到"列"位置，将字段名"工资总额"拖到"数据区"位置，如图 4-55 所示，生成数据透视表，如图 4-56 所示。

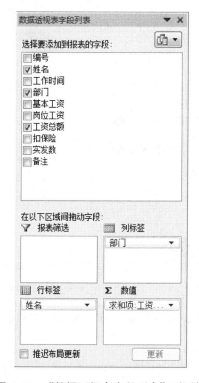

图 4-55　"数据透视表字段列表"对话框

求和项:工资总额	列标签			
行标签	财务部	生产科	销售部	总计
崔永世			2050	2050
胡有为		700		700
李红		3300		3300
刘明			5400	5400
王储	3700			3700
张东明	1900			1900
赵方	1900			1900
总计	7500	4000	7450	18950

图 4-56　数据透视表

🔍 小提示

➢ 在"数据透视表字体列表"对话框中，如果要对拖到"工资总额"做进一步的设置，单击"数值区"中的字段"求和项：工资总额"，出现"值字段设置"对话框，在此可以改变字段的名称、汇总方式、显示格式等设置，如图 4-57 所示。

图 4-57　"数据透视表字段"对话框

➤ 如果要查看数据，单击数据透视表字段右侧的下拉箭头，可以控制数据的显示，方便地查阅有关信息，如图 4-58 所示。

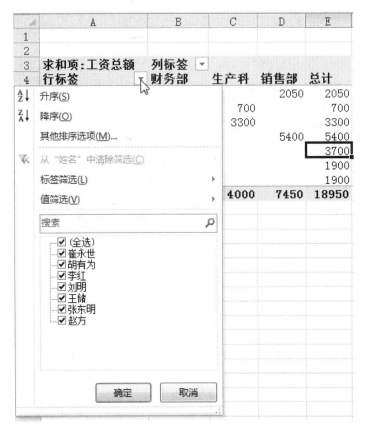

图 4-58　查阅相关信息

4.3.3　相关知识

1. 公式的组成与计算

（1）公式的组成

公式是对数据进行处理的算式。使用公式，必须遵循公式语法。公式语法就是公式中元素的结构与顺序。

在公式的组成中，除了要进行运算的数据外，还有连接数据的运算符。

①算术运算符：算术运算符用于完成基本的数学运算，如表 4-1 所示。

表 4-1　算术运算符

运算符	含义	范例	运算符	含义	范例
＋	加	A1＋B1＋C1	/	除	B1/6
－	减	A1－A2	ˆ	乘方	A1ˆ2（A1 的二次方）
*	乘	A1 * A2			

②比较运算符：比较运算符用于两个数值的比较，结果是一个逻辑值，真（True）或假（False），如表 4-2 所示。

表 4-2　比较运算符

运算符	含义	范例	运算符	含义	范例
＝	等于	A1＝B1	＞＝	大于等于	B1＞＝B2
＞	大于	A1＞A2	＜＝	小于等于	B1＜＝B2
＜	小于	A1＜A2	＜＞	不等于	B1＜＞B2

③ 文本运算符：利用文本运算符 &，可以将一个或多个文本连链成一个组合文本，如表 4-3 所示。

表 4-3　文本运算符

文本运算符	含义	范例
&	将一个或多个文本链接成一个组合文本	已知 A1＝'Excel'，则 A1&'2010'即为 Excel2010

④引用运算符：引用运算符指明引用包含的区域，如表 4-4 所示。

表 4-4　引用运算符

引用运算符	含义	范例
:（冒号）	区域引用	A1：B2 表示包含 A1 为左上角，B2 为右下角的矩形区域中的所有单元格区域
,（逗号）	联合引用	A1, B2 表示只包含 A1、B2 两个单元格
（空格）	交叉引用	（A1：B3　B1：C3）表示两个区域中共有的单元格，实际为 B1、B2、B3 三个单元格

（2）公式计算

Excel 的公式必须以"＝"开头，后面是参与计算的运算数和运算符。

在公式中有多个运算符时，Excel 对运算符的优先级作了规定：

①数学运算符优先级最高，文字运算符次之，比较运算符最低。

②优先级相同时，按从左到右的顺序计算。

③如果公式中带有括号，则内层括号中的计算级别最高，按括号顺序向外层计算。

公式输入方法主要有两种：直接输入和引用单元格输入。引用单元格输入相对比较方便。

案例：计算工资统计表中"王储"的工资总额。

操作步骤：

①选择单元格 G3。

②输入"＝"。

③用鼠标单击 E3，然后输入"＋"，再单击 F3，公式输入完成，如图 4-59 所示。

SUM				✗ ✓	f_x =E3+F3			
	A	B	C	D	E	F	G	H
1				工资统计表				
2	编号	姓名	工作时间	部门	基本工资	岗位工资	工资总额	扣保险
3	G001	王储	1998-1-2	财务部	1500	2200	=E3+F3	
4	G002	崔永世	2000-3-4	销售部	1250	800		
5	G003	李红	2000-3-6	生产科	1300	2000		

图 4-59 公式的输入

④按回车键确认，即得到计算结果。

（3）引用

在公式的使用中，需要引用单元格地址来指明运算的数据在工作表中的位置。单元格地址的引用分为相对引用、绝对引用和混合引用。

①相对引用：相对引用指引用地址随公式位置的改变而改变。

相对地址的表示方法为：列标行号，如 A1、B2 等。

小提示

公式复制时，公式中引用的相对地址发生变化；公式移动时，公式中引用的相对地址不发生变化。如图 4-58 所示，当鼠标向下拖动单元格（G3）的右下角填充柄复制时，公式"＝E3＋F3"改变为"＝E4＋F4"，单元格的相对地址发生了变化，如图 4-60 所示。

G3					f_x =E3+F3			
	A	B	C	D	E	F	G	H
1				工资统计表				
2	编号	姓名	工作时间	部门	基本工资	岗位工资	工资总额	扣保险
3	G001	王储	35797	财务部	1500	2200	=E3+F3	
4	G002	崔永世	36589	销售部	1250	800	=E4+F4	
5	G003	李红	36591	生产科	1300	2000		

图 4-60 相对地址引用

②绝对地址：绝对地址指引用工作表中固定的单元格地址。在公式复制时，公式中引用的单元格地址不发生变化。

绝对地址的表示方法为：＄列标＄行号，如＄A＄1、＄B＄2。

如图 4-61 所示，当鼠标向下拖动单元格（G3）的右下角填充柄复制时，公式中的绝对地址不发生变化。

G3			fx	=$E$3+$F$3			
	A	B	C	D	E	F	G	H
1						工资统计表		
2	编号	姓名	工作时间	部门	基本工资	岗位工资	工资总额	扣保险
3	G001	王储	35797	财务部	1500	2200	=$E$3+$F$3	
4	G002	崔永世	36589	销售部	1250	800	=$E$3+$F$3	
5	G003	李红	36591	生产科	1300	2000		

图 4-61　绝对地址引用

③混合引用：混合引用指单元格的行用相对地址、列用绝对地址；或行用绝对地址、列用相对地址表示，如 A＄1 、＄A1。

当复制公式时，混合引用中的相对地址自动变化，绝对地址不发生变化。因此，混合引用既具有相对引用的特点，又具有绝对引用的特点。

2. 常用函数的使用

函数实际是预先定义好的内置公式，在使用时，输入相应的参数，即可获得运行的结果。这些参数可以是数字、文本、逻辑值、数组、单元格区域等。

输入函数的方法有两种：一是直接输入函数，另一种是粘贴函数。常用函数如表 4-5 所示。

表 4-5　常用函数

函数名	功　　能
SUM	求一组数的和
AVERAGE	求一组数的算术平均值
IF	根据对指定条件的逻辑判断的真假结果，返回相对应条件触发的计算结果
COUNTA	计算数值个数及非空单元格的数目
COUNTIF	统计满足给定条件的单元格个数
MAX	求一组数中的最大值
MIN	求一组数中的最小值

3. 数据的排序与筛选

在工作表中，可以存储和处理大量的数据。如何管理和使用这些数据成为一个突出的问题。Excel 不但提供了一般数据库管理软件所具有的数据排序、检索功能，而且提供了强大的数据分析能力。

在 Excel 2010 中，不需特别命名，就直接把工作表当作数据库工作表，把表中的每一列当作一个字段，以存放相同类型的数据，字段最上面的项称为字段名。例如，工资统计表中的"编号"、"姓名"……为字段名。表中的每一行称为一个记录，每个记录存放一组相关的数据，执行"数据"菜单命令，就能实现对表中数据的操作。

（1）排序

排序就是根据需要把工作表中的数据按一定顺序重新排列。排序并不改变记录中的内容，只是改变记录在数据表中的位置。可以按行排序，也可以按列排序。

对字符型数据排序时，可以按"字母排序"或按"笔画排序"。例如，对工资统计表中的"姓名"字段按"字母排序"升序排列。

在"排序"对话框中，有"主要关键字"、"次要关键字"、"第三关键字"。在使用多个关键字排序时，先按"主要关键字"排序；如果"主要关键字"出现相同数据，则按"次要关键字"排序；当"次要关键字"出现相同数据时，按"第三关键字"排序。一次最多可以使用三个关键字。如果排序依据多于三个，要进行二次排序。

简单排序可以通过"排序和筛选"命令按钮中的"升序" ↓（从小到大排列）命令或"降序" ↓（从大到小排列）命令来完成。

（2）筛选

数据筛选是指从数据中选择出满足特定条件的记录。

 小提示

在自定义对话框中，"与(A)"表示上面条件与下面条件要同时成立；"或(O)"表示上面条件与下面条件有一个成立就可以。

（3）高级筛选

高级筛选可以解决条件更为复杂的数据的筛选。高级筛选需要在与工作表数据区隔开的一个区域设置条件区。条件区至少有两行，第一行为字段名，第二行是筛选条件，条件写在对应字段名的下面。

 小提示

按照 Excel 的规定，在筛选条件区域中，同一行之间的各列筛选条件构成"与"的关系，不同行之间的各列筛选条件构成"或"的关系。

4. 数据统计分析

Excel 中对数据的统计分析，可以使用分类汇总和数据透视表等方式来完成。

（1）分类汇总

对于排序好的数据，可以按某一字段分类，并分别为各类数据的一些数据项进行统计汇总，如求和、求平均等。

分类汇总后，在表格的左侧是分级显示符号，单击这些符号可以分别显示不同级别的数据，如图 4-62 所示。

	编号	姓名	工作时间	部门	基本工资	岗位工资	工资总额	扣保险	实发数	备注
				工资统计表						
	G006	赵方	2002年3月21日	财务部	¥850.00	¥1,050.00	¥1,900.00	35	¥1,865.00	低收入
	G004	张东明	2001年5月10日	财务部	¥900.00	¥1,000.00	¥1,900.00	35	¥1,865.00	低收入
	G001	王埔	1998年1月2日	财务部	¥1,500.00	¥2,200.00	¥3,700.00	35	¥3,665.00	中等收入
				财务部 平均值	¥1,083.33	¥1,416.67	¥2,500.00			
	G005	胡有为	2003年4月27日	生产科	¥400.00	¥300.00	¥700.00	18	¥682.00	低收入
	G003	李红	2000年3月6日	生产科	¥1,300.00	¥2,000.00	¥3,300.00	35	¥3,265.00	中等收入
				生产科 平均值	¥850.00	¥1,150.00	¥2,000.00			
	G002	崔永世	2000年3月4日	销售部	¥1,250.00	¥800.00	¥2,050.00	50	¥2,000.00	低收入
	G007	刘明	1988年5月4日	销售部	¥1,800.00	¥3,600.00	¥5,400.00	35	¥5,365.00	高收入
				销售部 平均值	¥1,525.00	¥2,200.00	¥3,725.00			
				总计平均值	¥1,142.86	¥1,564.29	¥2,707.14			

图 4-62　分类汇总分级显示符号（1）

➤ 加号（＋）：展开符号，单击此符号将展开本级明细数据项，同时"＋"变成"－"。

➤ 减号（－）：折叠符号，单击此符号将隐藏本级明细数据项，同时"－"变成"＋"。

➤ 1 2 3：级别符号，分别表示该层分级显示的级别。数字越小，级别越高，如图 4-63 所示。

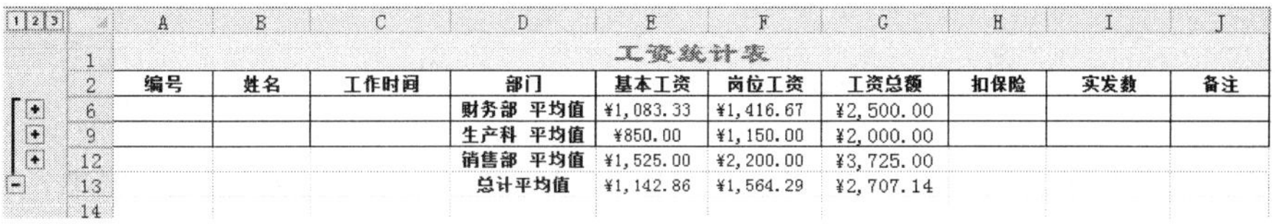

图 4-63　分类汇总分级显示符号（2）

（2）数据透视表

数据透视表是一种能够对大量数据进行快速汇总和建立交叉列表的交互式综合汇总表。创建数据透视表后，可以随时按照不同的需要，依不同的关系来提取和组织数据。

4.3.4　上机实训

1．实训目的

掌握公式和函数的使用；掌握数据的统计、分析方法。

2．实训内容

（1）对学生成绩统计表进行数据的计算。要求如下：

①在上一节实训的基础上，在 sheet1 中，为学生成绩统计表添加数据，如图 4-64 所示。

学生成绩统计表						
班级	姓名	英语	计算机	总分	平均分	总评
1 班	王英	87	96			
1 班	刘红	73	76			
1 班	李刚	62	70			
1 班	赵英杰	94	67			
2 班	吴江	40	48			
2 班	武光明	96	96			
2 班	马小鹏	84	90			
2 班	胡明月	70	84			
最高分						
最低分						
总人数	优秀	良好	及格	不及格		

图 4-64　学生成绩统计表

②分别计算学生成绩统计表中的"总分"、"平均分"、"总评"（总评：平均分＞＝90，优秀；平均分＞＝80，良好；平均分＞＝60，及格；否则，不及格）。

③分别计算"英语"、"计算机"、"总分"、"平均分"的最高分及最低分。

④统计"总人数"及"优秀"、"良好"、"及格"、"不及格"的人数。

（2）对学生成绩统计表进行数据的排序、筛选、汇总、分析。

要求：

①将 sheet1 中的数据复制到 sheet2 中。在 sheet2 中，对"英语"成绩进行降序排列。

②将 sheet1 中的数据复制到 sheet3 中。使用"自动筛选"命令，筛选出英语成绩的前三名。

③将 sheet1 中的数据复制到 sheet4 中。使用"高级筛选"命令，筛选出 2 班"计算机"成绩"＞＝90"分的同学。

④将 sheet1 中的数据复制到 sheet5 中，进行分类汇总操作。分类字段：班级；汇总项：英语、计算机；汇总方式：平均值。

⑤将 sheet1 中的数据复制到 sheet6 中，制作数据透视表，如图 4-65 所示。

平均值项:英语	班级 ▼		
姓名 ▼	1班	2班	总计
胡明月		70	70
李刚	62		62
刘红	78		78
马小鹏		84	84
王英	87		87
吴江		40	40
武光明		96	96
赵英杰	94		94
总计	80.25	72.5	76.375

图 4-65　数据透视表

4.4　案例 3——制作图表

当面对一大堆数据时，要想很快地从中了解数据的意义不是一件容易的事情。Excel提供了完善的图表功能，可以根据电子表格中的数据制作各种类型的图表，使数据表达更加清晰、直观、易懂。

4.4.1　案例及分析

1. 案例

为工资统计表创建图表，如图 4-66 所示。

2. 案例分析

图表是将工作表中的数据用图形方式显示出来。图表与产生该图表的工作表数据相链接，当工作表数据变动时，图表自动更新。通过本案例的学习，掌握图表的创建方法。

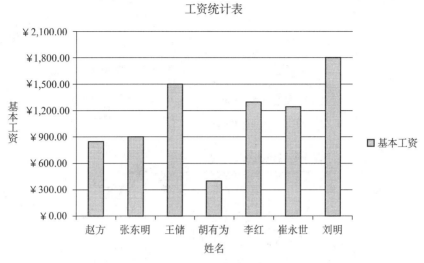

图 4-66　工资统计表

4.4.2　操作步骤

1. 为工资统计表创建图表

①选择要创建图表的数据区域 B2:B9 和 E2:E9。先选择第一个区域 B2:B9，按住 Ctrl 键再选择第二个区域 E2:E9。

②选择"插入"选项卡"图表"工具组"柱形图"中"二维柱形图"的"簇状柱形图"命令，作出图表，如图 4-67 所示。

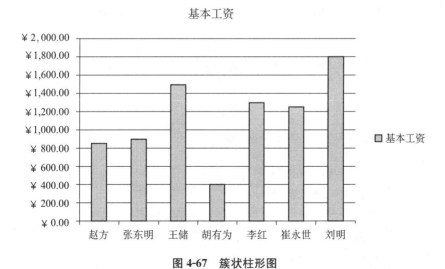

图 4-67　簇状柱形图

2. 图表的编辑

（1）编辑图表标题

单击图表标题"基本工资"，删除后输入"工资统计表"。若没有标题，则选择"图表工具"选项卡"标签"工具组"图表标题"命令下的"图表上方"命令，插入图表标题，如图 4-68 所示。

图 4-68 "图表标题"命令菜单

（2）编辑坐标轴标题

单击"图表工具"选项卡"标签"工具组的"坐标轴标题"命令按钮，从"主要横坐标轴标题"中选择"坐标轴下方标题"命令，如图 4-69 所示，输入标题"姓名"。

单击"图表工具"选项卡"标签"工具组的"坐标轴标题"命令按钮，从"主要纵坐标轴标题"中选择"竖排标题"命令，如图 4-70 所示，输入标题"基本工资"。

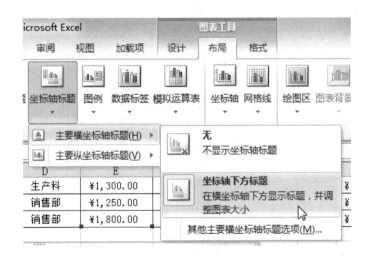

图 4-69 横坐标轴标题菜单

图 4-70 纵坐标轴标题菜单

（3）编辑坐标轴

双击纵坐标轴，弹出"设置坐标轴格式"对话框，如图 4-71 所示。将"主要刻度单位"设置为"固定"，输入"300"，然后单击"关闭"按钮。

图 4-71 "设置坐标轴格式"对话框

小提示

"图表工具"选项卡有"设计"、"布局"和"格式"三个选项卡，可对图表进行设置，如图 4-72 所示。

图 4-72   "图表工具"选项卡

4.4.3　上机实训

1. 实训目的

学习和掌握为数据建立图表的方法；学习和掌握图表格式化的方法。

2. 实训内容

（1）为学生成绩统计表建立图表。

要求：

①在上一节实训的基础上，为学生成绩统计表建立图表。

图表数据区是"姓名"、"英语"列数据。图表类型为折线图，子图表类型为数据点折线图，图表标题为"成绩统计表"；嵌入式图表放于表格数据下方。

②为图表添加新数据——"计算机"列数据。

（2）将实训（1）中制作的图表格式化。

要求：

①格式化图表，图表标题设置为：隶书、加粗、16 号字、红色；分类轴文字设置为：宋体、10 号字。

②图表区填充效果为纹理"新闻纸"，如图 4-73 所示。

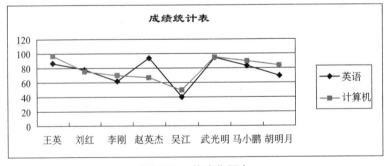

图 4-73   格式化图表

4.5　Excel 2010 操作技巧及问题

4.5.1　Excel 中常用小技巧

在 Excel 操作过程中，有一些常用的小技巧，为方便用户使用，提高工作效率，这里简要介绍一下。

1. 在多个工作表中同时输入相同的数据

①按住 Ctrl 键，用鼠标单击左下角的工作表名称（如 sheet1、sheet2 、shcct3），选定所要的工作表，这时所选的工作表会自动成为一个"工作组"。

②只要在"工作组"中的任意一个工作表中输入数据，"工作组"中的其他工作表会添加相同的数据。

③如果要取消"工作组"，右击任一工作表名称，在弹出的快捷菜单中选择"取消成组工作表"命令。

2. 将 Word 表格的文本内容引入 Excel 工作表

①将 Word 表格的文本内容选中、复制。

②在 Excel 工作表中选择对应的位置，然后选择"开始"选项卡"剪贴板"工具组"粘贴"命令下的"选择性粘贴"命令，在弹出的对话框中选择"文本"选项。

③单击"确定"按钮（这样复制的数据不含有任何格式，方便编辑）。

3. 快速插入图表

①选择要创建图表的单元格区域。

②按 F11 键，图表自动生成，并作为新工作表保存。

4. 绘制斜线表头

①单击"开始"选项卡的"对齐方式"工具组按钮，弹出"设置单元格格式"对话框。选中"自动换行"复选框，如图 4-74 所示，然后单击"确定"按钮。

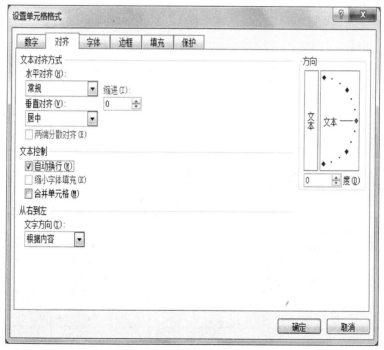

图 4-74　"设置单元格格式"对话框

②在对话框中单击"边框"选项，并选中"右下斜线"按钮，为单元格添加一条对角线。

③在单元格中输入文字，如"项目"、"月份"；接着将光标放在文字前，连续按空格

键，使得"月份"两字换到下一行。单击任何一处，完成斜线表头设置，如图 4-75 所示。

图 4-75　斜线表头

4.5.2　公式中的错误信息

当输入的公式或函数发生错误时，Excel 不能有效地运算，这时在相应的单元格中会出现表示错误的信息。常见的错误信息见表 4-6。

表 4-6　常见的错误信息

出错信息	出错原因
＃VALUE!	输入值错误。例如，需要输入数字或逻辑值时，输入了文本
＃NAME?	未知的区域名称。在公式或函数中出现没有定义的名称
＃NULL!	无可用单元格。在公式或函数中使用了不正确的区域或不正确的单元格引用
＃N/A	无可用数值。在公式或函数中没有可用的数值
＃REF!	单元格引用无效
＃DIV/ 0!	除数为零
＃NUM!	不能接收的参数或不能表示的数值

4.5.3　上机实训

1. 实训目的

掌握使用 Excel 的基本制表方式的方法，并会应用函数进行计算、制作图表和分析数据。

2. 实训内容

制作销售表，如图 4-76 所示。

销售表							
编号	姓名	销售地区	产品名称	数量	单价	销售收入	完成情况
1	金明	广州	电视机	12	12200		
2	胡文	广州	VCD	9	2300		
3	李铁	广州	空调机	3	8500		
4	吴江	北京	VCD	5	1350		
5	黄鹏	北京	洗衣机	3	2200		
6	张罗	北京	空调机	3	1350		
7	薛红	广州	冰箱	12	7500		
8	胡涛	广州	空调机	8	23000		
9	王储	广州	VCD	4	1400		
10	张文英	北京	电视机	5	15000		
11	刘风	北京	VCD	5	1350		
12	赵刚	北京	空调机	6	1350		
平均销售收入							
收入最大值							
收入最小值							

图 4-76　销售表

要求：

（1）制作销售表。

（2）计算销售收入、平均销售收入、收入最大值、收入最小值，并判断完成情况（销售收入＞＝100000，超额；销售收入＞＝6500，完成；销售收入＜6500，未完成）。

（3）格式化销售表，要求如下：

① 第一行标题：隶书、14 号字、加粗、居中（水平方向、垂直方向居中）、红色。

②第二行文字（编号、姓名……）：宋体、12 号字、加粗、居中（水平方向居中）。

③ 其他各行文字：宋体、12 号字、右对齐。

④数值型数据（单价、销售收入）保留小数 2 位。

⑤调整行高为：15；列宽为：9。

⑥标题行加底纹：浅蓝色。

⑦表格边框：外框双细线，内框单细线。

（4）排序：按照"销售收入"从大到小排列。

（5）分类汇总。分类字段：销售地区；汇总项：销售收入；汇总方式：求和。

（6）制作图表，如图 4-77 所示。

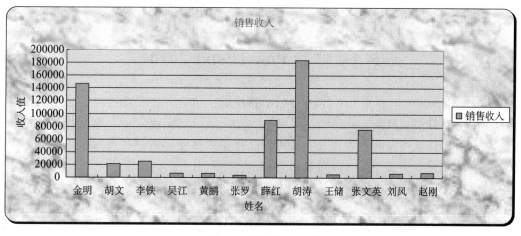

图 4-77 销售收入图表

①对"姓名、销售收入"作"柱形"图表。

②图表标题：宋体、11 号、加粗、红色。

③分类轴标题：8 号字、加粗。

④分类轴：8 号字。

⑤图例：10 号字。

⑥图表区格式：白色大理石填充、阴影、圆角。

第 5 章　演示软件 PowerPoint 2010

> **目标**：掌握 PowerPoint 2010 的基本概念与基本操作，掌握幻灯片制作、编辑、格式设置、动画效果和放映设置等操作。
>
> **重点**：幻灯片的制作、编辑、格式设置、动画效果。

人们在工作和学习中，经常需要向他人介绍和演示自己的产品、设计、研究成果等，为了使介绍既清晰、明了，又生动、活泼、引人入胜，可以使用演示软件 Power-Point。PowerPoint 是专门用于制作演示文稿的软件，它所生成的幻灯片除文字、图片外，还包含动画、声音剪辑、背景音乐及视频等多媒体对象。

5.1　体验 PowerPoint 2010

PowerPoint 2010 是 Office 2010 办公套件中的一员，其主要功能是方便地制作演示文稿，包括提纲、教案、演讲稿、简报等。使用 PowerPoint 可以非常轻松地把用户自己的设计制作成漂亮的艺术作品，还可以采用多媒体等多种途径展示创作内容，使其效果声形俱佳，图文并茂，达到专业水准。

5.1.1　PowerPoint 2010 概述

PowerPoint 2010 的工作界面如图 5-1 所示，本节主要介绍视图和任务窗格。

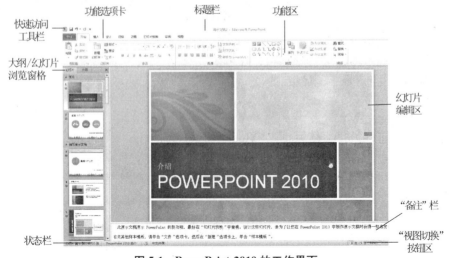

图 5-1　PowerPoint 2010 的工作界面

1. 视图方式

视图就是呈现工作的一种方式。为了便于制作者从不同的方式观看自己设计的幻灯片内容或效果，PowerPoint 2010 提供了 3 种主要视图显示模式：普通视图、幻灯片浏览视图和幻灯片放映视图。视图切换按钮如图 5-2 所示。

图 5-2　视图方式切换按钮

（1）普通视图

普通视图是幻灯片默认的显示方式，是主要的编辑视图。该视图有 3 个工作区域：左侧为可在幻灯片文本大纲和幻灯片缩略图之间切换的选项卡；右侧为幻灯片编辑区，以大视图显示当前幻灯片；底部为备注栏。

①"大纲"选项卡。单击"大纲"标签☰，可以打开"大纲"选项卡。大纲由每张幻灯片的标题和正文组成，每张幻灯片的标题都出现在数字编号和图标的右边，每一级标题都是左对齐，下一级标题自动缩进，最多可缩进 5 层。

用户可以用"大纲"工具栏调整幻灯片标题、正文的布局和内容、展开或折叠幻灯片的内容、移动幻灯片的位置等。在"大纲"工具栏中，"升级"按钮 ◆ 、"降级"按钮 ◆ 、"上移"按钮 ◆ 、"下移"按钮 ◆ 、"折叠"按钮 ◆ 、"展开"按钮 ◆ 、"显示格式"按钮 ◆ 的作用与 Word 中的相同。在 Word 中没有出现的按钮及其作用为：

"全部折叠"按钮 ◆ ：把每张幻灯片的内容全部折叠起来，视图中只显示幻灯片的标题。

"全部展开"按钮 ◆ ：显示每张幻灯片包含的所有文字内容。

"摘要幻灯片"按钮 ◆ ：可以在演示文稿中插入一张摘要幻灯片。

②"幻灯片"选项卡。单击"幻灯片"标签，可以转换到幻灯片缩略图。在缩略图中能更方便地通过演示文稿导航并观看设计更改的效果，也可以重新排列、添加和删除幻灯片。

③幻灯片窗格。在大视图中显示当前幻灯片，可以建立幻灯片并对幻灯片中各个对象的细节进行编辑，可以添加文本，插入图片、表格、图表、绘图对象、文本框、电影、声音、超级链接和动画。

④备注页视图。选择"视图"→"备注页"命令，可以打开备注页视图。备注页视图是供演讲者使用的，它的上方是幻灯片缩图，下方记录演讲者讲演时所需的一些提示重点。

（2）幻灯片浏览视图

该视图主要是用于演示文稿中幻灯片之间的综合编辑。在这个视图下，演示文稿中的所有幻灯片都排列在屏幕上，使用户同时观察到各个幻灯片的位置并进行调整。

（3）幻灯片放映视图

该视图主要用于幻灯片的放映。如果是在幻灯片视图中，从当前幻灯片开始放映；如果是在幻灯片浏览视图中，从所选的幻灯片开始放映。

2. 幻灯片编辑区

这是编辑幻灯片的主要区域，在其中可以为当前幻灯片添加文本、图片、图形、声音和影片等，还可以创建超级链接和设置动画。

3. 大纲/幻灯片浏览窗格

在此窗格中显示幻灯片文本的大纲或幻灯片缩略图。单击窗格左上角的"大纲"选项卡，可以方便地输入演示文稿要介绍的一系列主题，系统将根据这些主题自动生成相应的幻灯片；单击窗格左上角的"幻灯片"选项卡，即可查看幻灯片缩略图。

 小提示

使用代表每张幻灯片的缩略图，可以快速找到要使用的幻灯片，也可以通过拖动缩略图来调整幻灯片的位置。

4. 备注窗格

备注窗格用于添加与每张幻灯片内容相关的注释，供演讲者演示文稿时参考。

5. 状态栏

状态栏位于 PowerPoint 2010 窗口的最底部，用于显示相应的视图模式、当前幻灯片编号及总共有多少张幻灯片等信息。

5.1.2 PowerPoint 2010 的基本概念

利用 Word 可以创建 Word 文档，利用 Excel 可以创建工作簿，利用 PowerPoint 可以创建演示文稿。

通常人们把用 PowerPoint 制作出来的各种演示材料统称为"演示文稿"。所谓"演示文稿"，就是指人们在介绍自身或者组织情况，阐述计划以及观点时，向大家展示的一系列材料。这些材料集文字、图形、图像以及声音于一体，由一组具有特定用途的幻灯片组成，能够极富感染力地表达出演讲人所要表达的内容。

一般来说，一份完整的演示文稿包括以下内容。

➢ 幻灯片：若干张相互联系、按一定顺序排列的幻灯片，能够全面地说明演示内容。

➢ 观众讲义：为便于观众加深理解，将页面按不同的形式打印在纸张上发给观众，这就是所谓的"观众讲义"。

➢ 演讲者备注：是演讲人在演讲过程中，为了更清楚地表达自己的观点，或者是提醒自己应注意的事项，而在演示文稿中附加准备的材料。演讲者备注在通常情况下是给演讲者本人看的，观众是看不到的。

5.2　案例 1——工作计划

5.2.1　案例及分析

1. 案例

制作一个工作计划演示文稿，如图 5-3 所示。

图 5-3　工作计划演示文稿

2. 案例分析

通过本案例体验演示文稿创建的过程，并进行相应的修饰，熟悉 PowerPoint 的工作环境。

演示文稿的制作过程大致分为如下 6 步。

①启动 PowerPoint 2010，打开默认空白演示文稿 1。

②选择好演示文稿的创建方式后，向演示文稿输入和编辑文本内容。

③向幻灯片插入图片、声音、图表、表格等，使演示文稿的内容图文并茂、丰富多彩。

④设计演示文稿的样式，使文稿更加美观大方，吸引观众。

⑤观看放映的幻灯片效果，修改演示文稿中令人不满意之处。

⑥保存和打印演示文稿。

5.2.2　操作步骤

1. 幻灯片的设计

①启动 PowerPoint 2010，制作会议标题演示文稿。

②单击"设计"选项卡"背景"工具组中的"背景样式"命令按钮，如图 5-4 所示。单击"设置背景格式"按钮，如图 5-5 所示。

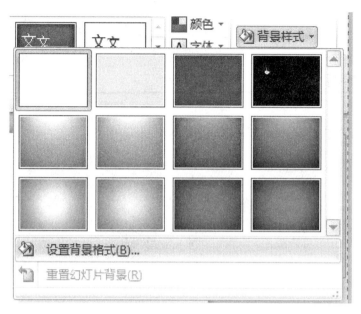

图 5-4　背景样式设计界面

图 5-5　"设置背景格式"对话框

　　③选择"图片或纹理填充"，如图 5-6 所示。单击"文件"按钮，然后选择需要插入的图片，如图 5-7 所示。

图 5-6　选择填充方式界面

图 5-7　"插入图片"界面

④单击"插入"按钮，插入需要的背景图片，如图 5-8 所示。

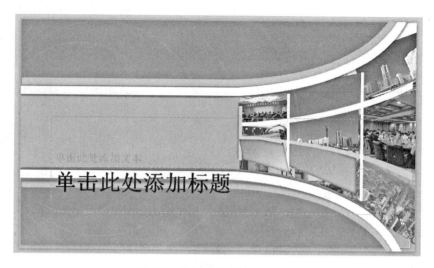

图 5-8　插入图片后的显示界面

2. 幻灯片中的文字编辑及修饰

（1）文本输入

单击"插入"选项卡"文本"工具组中的"文本框"命令按钮，可在文本框中输入文本，如图 5-9 所示。本例的幻灯片在占位符位置直接输入"朝阳社区学院"与"2012-2013 学年度工作计划"，如图 5-10 所示。

图 5-9　文本框工具组界面

图 5-10　文本输入显示界面

（2）修饰字体

选中要修改的文本，在"开始"选项卡的"字体"工具组中设置字体为黑体、字号为 44 号、颜色为黑色、字体加粗并设置文字阴影，如图 5-11 所示。修改后的效果如图 5-12所示。

图 5-11　设置字体界面

图 5-12　修饰字体后效果界面

3．插入幻灯片

①单击左侧"幻灯片窗格" ，然后在下方的显示区域单击右键，选择"新建幻灯片"命令，插入一张新的幻灯片，如图 5-13 所示；或者单击"开始"选项卡"幻灯片"工具组内的"新建幻灯片"按钮，如图 5-14 所示。

图 5-13　插入新幻灯片界面

图 5-14　插入新建幻灯片界面

②选中第二张幻灯片，然后单击"设计"选项卡，选中"波形"主题，如图 5-15 所示。插入需要输入的文本，如图 5-16 所示。

图 5-15　选择主题界面

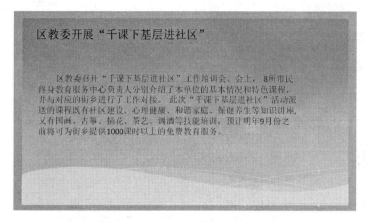

图 5-16 输入文本后的显示界面

③单击"插入"选项卡，再单击"图像"工具组的"剪贴画"命令按钮，如图 5-17 所示。从剪贴画库中选择"黄色汽车"图片，如图 5-18 所示。选中图片拖至幻灯片中的合适位置，如图 5-19 所示。

图 5-17 剪贴画命令按钮界面

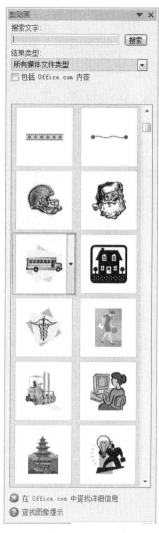

图 5-18 剪贴画媒体库界面

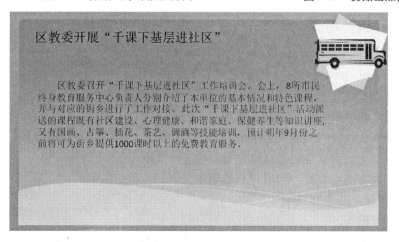

图 5-19 插入剪贴画后的效果界面

④新建一张幻灯片，插入背景图片并输入文本"谢谢"作为结束页，如图 5-20 所示。

图 5-20　结束页界面

4．预演彩排

选定要演示的第一张幻灯片，然后单击"幻灯片放映"按钮。在演示过程中，单击鼠标左键可以移到下一张幻灯片，也可以用→（或↓）键移到下一张，用←（或↑）键回到前一张，直到放映完最后一张或按 Esc 键回到原来的状态。单击屏幕左下角的图标按钮，或单击鼠标右键，再使用其快捷菜单的命令，可以进行任意定位、修改屏幕显示内容（不改变文件内容）、结束放映状态等操作。

5．保存演示文稿

通过"快速访问工具栏"的"保存"按钮，或"文件"→"另存为"，或"文件"→"保存"菜单命令来保存演示文稿文件。在"另存为"对话框中选择演示文稿文件所存磁盘、目录（文件夹）和文件名，系统默认演示文稿文件的扩展名为 .ppt。

5.2.3　相关知识

1．创建演示文稿

PowerPoint 2010 提供了 4 种创建演示文稿的方法。

①内容提示向导：可直接采用包含建议内容和版式设计的演示文稿，内容提示向导包含不同主题的演示文稿示例，如常规、企业、项目、销售等。

②设计模板：这些模板决定演示文稿的设计格式，但不包含具体内容。

③空演示文稿：从空白幻灯片开始创建演示文稿。

④根据现有演示文稿：利用现有的演示文稿制作新的演示文稿。

2．幻灯片中的文字编辑

（1）文本输入

为幻灯片添加文本内容的方法主要有两种。一是通过占位符添加，单击文本占位符位置，就可在其中输入文本；二是通过文本框添加，在文本框中输入文本。

（2）文本编辑

文本的插入、删除、复制、移动及查找、替换方法与在 Word 中一样。插入时，都先将插入点移至插入位置后再输入；删除、复制、移动时，先选定文本块，再利用"剪贴板"工具栏的"剪切"、"复制"、"粘贴"命令完成；查找/替换时，使用"编辑"工具组中的"查找"或"替换"命令完成。

3. 段落格式化

段落格式化是对段落的对齐方式、缩进、间距和项目符号进行设置。设置前，先选择文本框或文本框中的某段文字。

（1）段落对齐设置

设置段落的对齐方式，主要目的是调整文本在文本框中的排列方式。设置时，单击"段落"工具栏中的"对齐方式"按钮。

（2）段落缩进设置

设置段落缩进最简捷的方式是拖动标尺上的缩进标记。

（3）行距和段落间距的设置

利用工具组中的"段落"菜单命令可以对选中的文字或段落设置行距、段前/段后的间距。

（4）项目符号设置

设置项目符号一般使用"符号"工具组菜单命令来完成。

（5）更改文字方向

文字方向是指文本框中的文字的横排或竖排。更改文字方向主要是单击"段落"工具中的"文字方向"按钮完成。

（6）段落升降级

对选定文本段落的升、降级，通过单击"段落"工具组的"增加缩进量"和"减少缩进量"按钮完成。

4. 幻灯片浏览视图的应用

调整幻灯片指对幻灯片进行插入、删除、复制、移动等操作。由于在"幻灯片浏览"视图下，所有幻灯片都会以缩略图形式在屏幕上显示出来，可以看到许多幻灯片，因此编辑幻灯片一般都是在"幻灯片浏览"视图中进行。

（1）选择幻灯片

如果要完成删除、移动或复制幻灯片操作，先要在"幻灯片浏览"视图下选择欲处理的幻灯片。如果选择单张幻灯片，用鼠标单击它即可（被选中的幻灯片用一个蓝框括起）；如果选择多张幻灯片，按住 Shift 键，再单击要选择的各幻灯片，可选择多张连续的幻灯片；按住 Ctrl 键可选择多张不连续的幻灯片。也可以利用"编辑"工具组"选择"命令中的"全选"命令选择所有的幻灯片。

（2）删除幻灯片

直接按 Del 键，即可删除已选择的幻灯片，其后的幻灯片会自动向前排列。删除后，可以使用"撤销"命令予以恢复。

（3）复制幻灯片

使用"复制"和"粘贴"命令复制幻灯片。

（4）移动幻灯片

使用"剪切"和"粘贴"命令可以改变幻灯片的排列顺序；也可以用鼠标拖曳的方法移动幻灯片。选择要移动的幻灯片，按住鼠标左键拖曳幻灯片到需要的位置即可。

5．打印演示文稿

（1）页面设置

在打印之前，必须精心设计幻灯片的大小和打印方向，使打印效果满足创意要求。选择"设计"选项卡"页面设置"工具组中的"页面设置"命令，弹出如图 5-21 所示"页面设置"对话框。其中，"幻灯片大小"下拉列表用于选择幻灯片尺寸，"幻灯片编号起始值"用于设置打印文稿的编号起始值，"方向"框用于设置"幻灯片"、"备注、讲义和大纲"等的打印方向。

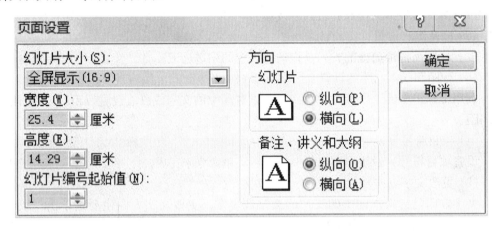

图 5-21　"页面设置"对话框

（2）设置打印选项

页面设置后就可以将演示文稿、讲义等打印出来。打印前，应对打印机、打印范围、打印份数、打印内容等进行设置或修改。

打开要打印的文稿，然后选择"文件"→"打印"菜单命令，将显示"打印"对话框，如图 5-22 所示。

在"打印范围"框中，选择要打印的范围。其中，"自定义放映"选项是指按"自定义放映"中设置的范围进行设置，否则，该功能失效，如图 5-23 所示。

在"打印内容"列表框中，选择幻灯片、讲义、备注页等。其中，"幻灯片（动画）"指幻灯片中采用了动画效果，打印时按屏幕出现的顺序打印；"幻灯片（无动画）"指打印时按照"幻灯片浏览"视图的顺序进行打印，不管有无动画效果。若要以教材或资料的形式打印，选择"讲义"。还可选择一页内要打印的幻灯片数，如图 5-24 所示。设置完成后，单击"打印"按钮，即开始打印。

🔍 小提示

若幻灯片设置了颜色、图案，为了打印清晰，应选择"黑白"项。

图 5-22　打印菜单界面

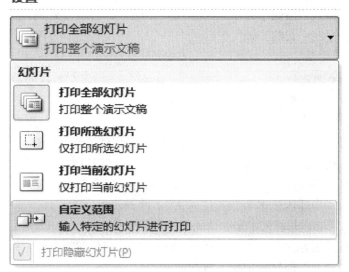

图 5-23　打印范围设置界面

图 5-24　打印内容设置界面

5.2.4　上机实训

实训 1

1. 实训目的

使用模板新建演示文稿。

2. 实训内容

制作一个关于自我介绍的演示文稿，包括 3 张幻灯片。设置幻灯片的模板为"暗香扑面"，第一张幻灯片的标题为"自我介绍"；在第二张幻灯片中输入自我描述；在第三张幻灯片中输入"谢谢"标语，并插入一张图片。对幻灯片的文字进行修饰，最后将演示文稿保存在"我的文档"中。

实训 2

1. 实训目的

设置幻灯片的文字格式、艺术字和图片格式。

2. 实训内容

打开"练习"文件夹下的 5-1.ppt 文件，完成下面的操作并保存文件。

①在演示文稿中插入一张新幻灯片，设置幻灯片的内容版式为"空白"，并设置新幻灯片为"幻灯片 1"。

②在幻灯片 1 中插入艺术字"古诗欣赏"，设置艺术字的字体为隶书，字号为 96；艺术字形状为波形 2，并将艺术字移动到幻灯片的中央。

③设置幻灯片标题文字的格式为楷体 _ GB2312，加粗倾斜，有阴影。

④在"作者简介"幻灯片中插入剪贴画。

5.3　案例 2——网站建设方案

5.3.1　案例及分析

1. 案例

制作如图 5-25 所示的桂林景区网站建设方案的幻灯片。

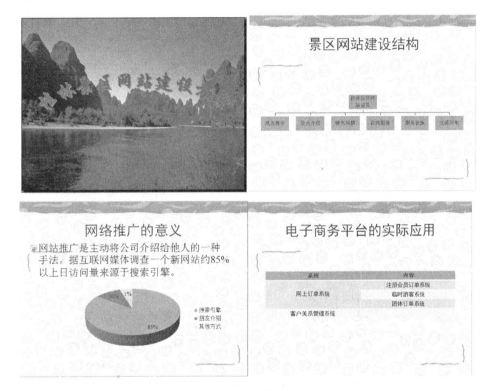

图 5-25　桂林景区网站建设方案的幻灯片

2. 案例分析

熟悉幻灯片版式的应用技巧和图片应用技巧，学习特殊页面的创建方法，掌握添加动画效果的方法。

5.3.2　操作步骤

1. 演示文稿的背景

①创建新演示文稿，模板选择"POETIC"。

②先准备好一些适合用作背景的图片，保存在硬盘中。本例中的第一张幻灯片的背景图为"桂林.jpg"。在第一张幻灯片中，选择"设计"→"背景"命令，然后选择要插入的图片，如图 5-26 所示。

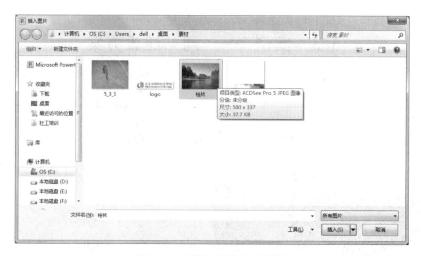

图 5-26　"插入图片"对话框

③单击"插入"按钮，效果如图 5-27 所示。

图 5-27　插入图片后的显示界面

④由于已经选择了模板，所以在"设计"→"背景"命令中选中"隐藏背景图形"选项，如图 5-28 所示，显示效果如图 5-29 所示。

图 5-28　选择"隐藏背景图形"界面

图 5-29　显示效果界面

　　⑤单击"插入"选项卡"文本"工具组中的"艺术字"命令按钮，如图 5-30 所示。
选择"淡紫"渐变艺术字效果，然后双击艺术字样本并输入"桂林景区网站建设方案"
文本，如图 5-31 所示。

图 5-30　"艺术字"命令按钮界面

图 5-31　淡紫渐变艺术字效果界面

　　⑥选中插入的"艺术字"，然后在"格式"选项卡"艺术字样式"工具组中单击"文
本效果"命令按钮，再在下拉菜单中选择"转换"选项中"跟随路径"里"上弯弧"，如
图 5-32 所示。根据需要调整艺术字弧度大小，本例最后的显示效果如图 5-33 所示。

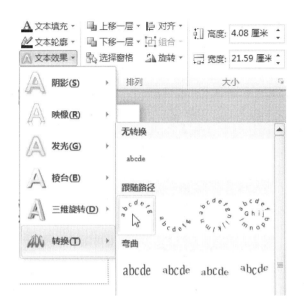

图 5-32　"文本效果"命令按钮界面

图 5-33　艺术字效果界面

2. 插入 SmartArt 图形

①在第一张幻灯片后插入新幻灯片，并输入"景区网站建设结构"标题。

②选择"插入"→"插图"命令，再单击"SmartArt"命令按钮，如图 5-34 所示。打开"SmartArt 图形"对话框，选择"层次结构"中的"组织结构图"，如图 5-35 所示，并单击"确定"按钮应用到本幻灯片上，如图 5-36 所示。

图 5-34　"SmartArt"命令按钮界面

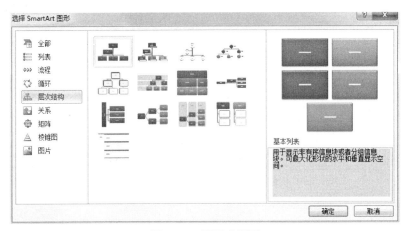

图 5-35　图示库界面

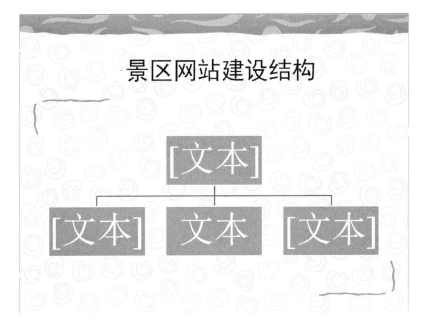

图 5-36　"组织结构图"应用到幻灯片界面

③单击图框中的"文本"，当出现闪烁的光标时，输入文字。根据实际需要可以复制
"文本框"至合适的数量。本例最终的显示界面如图 5-37 所示。

图 5-37　编辑好的"组织结构图"显示界面

小提示

图示介绍

图示库如图 5-35 所示，SmartArt 图形的类型包括列表、流程、循环、层次结构、关系、矩阵、棱锥、图片等。可以使用这些图示来说明各种概念性的资料，并使演示文稿更生动。图示的使用简介如表 5-1 所示。

表 5-1　有关 SmartArt 图形的使用简介

类型	说　　明
列表	用于显示非有序信息块或者分组信息块。可最大化形状的水平和垂直显示空间
流程	用于显示行进，或者任务、流程或工作流中的顺序步骤
循环	用于以循环流程表示阶段、任务或事件的连续序列。强调阶段或步骤，而不是连接箭头或流程
层次结构	用于显示组织中的分层信息或上、下级关系
关系	用于显示包含关系、比例关系或互连关系
矩阵	用于以象限的方式显示部分与整体的关系
棱锥	用于显示比例关系、互连关系或层次关系
图片	用于显示非有序信息块或分组信息块

3. 制作包含图表的页面

①在第二张幻灯片后插入新幻灯片，并输入"网络推广的意义"标题文本。打开"幻灯片版式"任务窗格，然后选择"插入"→"插图"命令；再单击"图表"命令按钮，打开"插入图表"对话框，如图 5-38 所示。

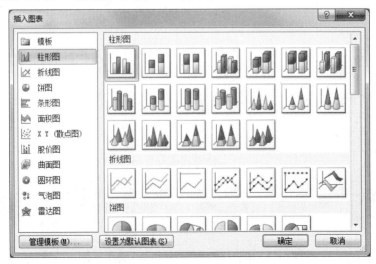

图 5-38　"插入图表"对话框

②在"插入图表"对话框中选择"三维饼图",然后单击"确定"按钮,弹出图表编辑表,如图 5-39 所示。在数据表中,将原数据删除,然后输入本例中所需的数据,得到最终的"三维饼图"图表,如图 5-40 所示。

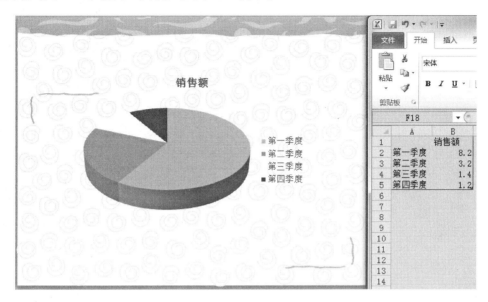

图 5-39 图表编辑表

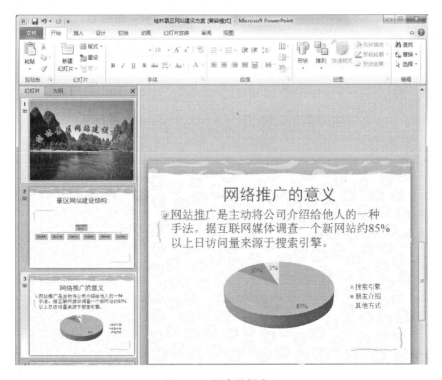

图 5-40 图表编辑窗口

③设置完成后单击窗口任意处,返回 PowerPoint 2010。

4. 制作包含表格的页面

①在第三张幻灯片后插入新幻灯片，并输入"电子商务平台的实际应用"标题文本。选择"插入"→"表格"命令，然后选择插入 5 行 2 列的表格，如图 5-41 所示。

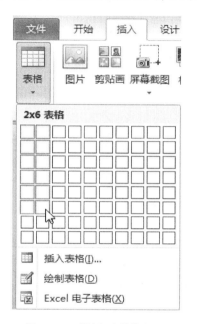

图 3-41　"插入表格"界面

②这里与在 Word 中处理表格相同。输入文字，再利用"表格工具"选项卡对表格进行编辑，结果如图 5-42 所示。

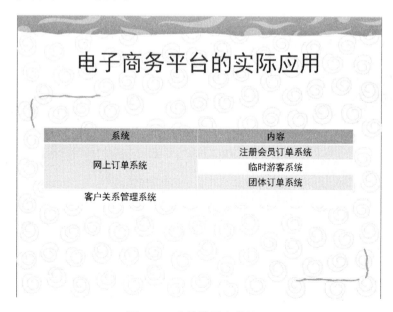

图 5-42　表格编辑完成界面

小提示

与 Word 表格不同的是，在 PowerPoint 2010 中，只能插入、删除行和列，不能插入、删除单元格；只能对单元格中的文本进行修改。

5. 幻灯片切换效果的设置

例如，为桂林景区网站建设方案的幻灯片设置切换效果。

①单击第一张幻灯片，然后选择"切换"选项卡，显示切换方式列表框，如图 5-43 所示。

图 5-43 幻灯片切换方式列表

②在"切换到此幻灯片"工具组中选择"揭开"切换方式。

③在"计时"工具组中可设置切换速度和声音；在"换片方式"区中，选择是自动切换，还是鼠标单击切换，如图 5-44 所示。如果是对所有的幻灯片都采用相同的切换效果，单击"全部应用"按钮。

图 5-44 "计时"工具组界面

6. 设置自定义动画

①单击"动画"选项卡，显示"动画"窗格。

②选择"桂林景区网站建设方案"的第 3 张幻灯片，然后单击标题位置，显示占位符。单击"动画"窗格中的"出现"效果，如图 5-45 所示。或者在"高级动画"工具组中单击"添加动画"按钮，再从列表中选择任意一种需要的效果，如图 5-46 所示。

图 5-45 "动画"窗格界面

图 5-46　"添加动画"列表界面

　　"添加动画"菜单中包括"进入"、"强调"、"退出"和"动作路径"4 个选项。"进入"选项用于设置在幻灯片放映时文本以及对象进入放映界面时的动画效果；"强调"选项用于演示过程中对需要强调的部分设置动画效果；"退出"选项用于设置在幻灯片放映时相关内容退出时的动画效果；"动作路径"选项用于指定相关内容放映时动画所通过的运动轨迹。

　　7. 其他对象的动画设置

　　通过"动画"选项卡可以为各种对象设置特殊动画，如图表、组织结构图的级别动画等。例如，为第 3 张幻灯片的饼图设置"放大缩小"的自定义动画。

　　①单击第 3 张幻灯片中的饼图，然后在"高级动画"工具组中单击"添加动画"按钮，再选择"强调"菜单中的"放大缩小"效果。

　　②右键点击"动画窗格"中的"放大/缩小"动画项，在列表中选择"效果选项"，弹出"放大缩小"对话框，如图 5-47 所示。

　　③在"效果"选项卡中，设置"自动翻转"和尺寸"130％"。

图 5-47 "放大/缩小"对话框

5.3.3 相关知识

1. 更改"自定义动画"设置

"动画窗格"如图 5-48 所示,在其列表中,每个列表项目表示一个动画事件,从左向右依次是编号、开始时间、表示动画类型的图标、幻灯片上项目的部分文本。

①编号指示动画播放顺序。

②开始时间表示幻灯片中的动画事件相对于其他事件的计时。其中,"单击时"指在幻灯片上单击鼠标时动画事件开始;"从上一项开始"指在列表中前一个项目开始的同时开始此动画序列;"从上一项之后开始"指在列表中前一个项目完成播放后立即开始此动画序列。

也可以单击要设置的自定义动画,然后单击旁边的下拉箭头,选择"效果选项"。在"效果"选项卡中,如图 5-49 所示,设置增强效果,如动画文本等;在"计时"选项卡中,如图 5-50 所示,可设置延迟时间和速度等。

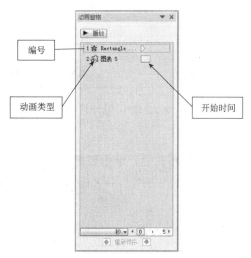

图 5-48 动画窗格

图 5-49　放大/缩小"效果"选项卡

图 5-50　放大/缩小"计时"选项卡

2. 删除动画效果

在"动画"窗格的自定义动画列表中，单击要删除的动画项目，然后单击"删除"按钮。

5.3.4　上机实训

实训 1

1. 实训目的

设置幻灯片背景及切换效果。

2. 实训内容

打开"练习"文件夹下的 5 _ 3 _ 1.ppt 文件，并完成下面的操作：

①将幻灯片 1 的背景应用"软木塞"纹理填充效果，将幻灯片 2 的背景应用"信纸"纹理填充效果，幻灯片 3 的背景应用图片填充效果，图片为"练习"文件夹下的5 _ 3 _ 1.jpg文件。

②设置幻灯片 1 的切换方式为"新闻快报"，速度为"快速"；设置幻灯片 2 的切换方式为"圆形"，速度为"中速"；设置幻灯片 3 的切换方式为"溶解"，速度为"中速"。

③保存文件，并通过"观看放映"浏览演示文稿。

实训 2

1. 实训目的

建立组织结构图

2. 实训内容

建立一个新幻灯片，设置幻灯片的版式为组织结构图，输入幻灯片的标题为"班级组织结构图"，设置幻灯片标题的格式为字体楷体 _ GB2312，字号 48 号。

按下面的样式建立某班级组织结构图：

设置组织结构图中文字的格式为黑体，字号为 18 号，以 3 _ 2. ppt 为文件名保存到"我的文档"中。

实训 3

1. 实训目的

设置文本及图片的动画效果。

2. 实训内容

打开"练习"文件夹下的 5 _ 3 _ 3.ppt 文件，并完成下面的操作并保存演示文稿。

①设置幻灯片标题的动画效果为"棋盘进入"，开始为"之前"，方向为"跨越"，速度为"中速"。

②设置幻灯片中图片的动画效果为"飞入"，开始为"单击之后"，方向为"自左侧"，速度为"慢速"。

③设置幻灯片中文本的动画效果为"菱形进入"，方向为"内"，速度为"中速"。

实训 4

1. 实训目的

在幻灯片中创建表格。

2. 实训内容

①建立一个新幻灯片，设置幻灯片的版式为标题和表格。

②输入幻灯片的标题为"课时统计表"，并设置标题的文字格式为隶书、48 号、有阴影。

③在幻灯片中插入一个 5 行 5 列的表格，并在表格中输入下面的内容：

姓名	课程名	课时	班级	授课人数
王烟	英语	3	3	167
李辉	体育	4	6	195
杨明	数学	3	5	176
代军	哲学	5	3	143

④将表格的外框线设置为 1.5 磅双实线，内框线设置为 1 磅单实线。

⑤为表格添加 15％的底纹，并将表格移动到幻灯片的合适位置，然后保存文件。

5.4 案例 3——学院介绍

5.4.1 案例及分析

1. 案例

制作如图 5-51 所示的学院介绍演示文稿，样例见"素材"文件夹中的朝阳社区学院介绍.ppt。

2. 案例分析

熟练掌握幻灯片母版与模板的操作；超级链接的设置；各种媒体对象的插入；演示文稿的播放方法。

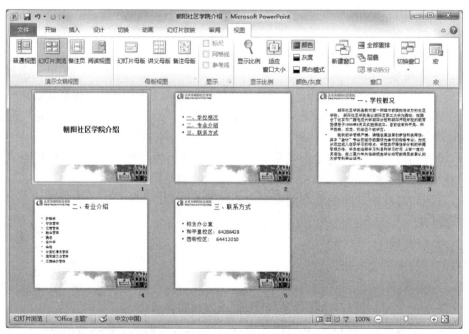

图 5-51 学院介绍演示文稿

5.4.2　操作步骤

1.更改文本格式

选择菜单中的"视图"选项卡"母版视图"工具组中的"幻灯片母版"命令,显示母版视图。在幻灯片母版中选择标题,并将标题设置为"加粗"。

2.向母版插入对象

要使每一张幻灯片都出现某个对象,可以向母版中插入这个对象。插入学院的图标(文件名为 logo.gif)后,每张幻灯片都会自动在固定位置显示该图标。通过幻灯片母版插入的对象,不能在幻灯片状态下编辑。

3.设置标题幻灯片母版

标题幻灯片母版控制的是以"标题幻灯片"版式建立的幻灯片,是演示文稿的第一张幻灯片,相当于演示文稿的封面,因此标题幻灯片母版在一个演示文稿中只对一张幻灯片起作用。默认情况下,标题母版会从幻灯片母版继承一些样式,如字体和字号,例如,在幻灯片母版中插入的学院图标在标题母版中也有。但是如果直接对标题母版做了更改,这些更改会一直保留下去,不会受幻灯片母版更改的影响。现将标题母版中的图标删除。标题幻灯片母版的设置如下:

①选择"视图"→"母版视图"→"幻灯片母版"命令,显示幻灯片母版视图,同时弹出"幻灯片母版视图"工具栏,如图 5-52 所示。

图 5-52　"幻灯片母版视图"工具栏

②单击"幻灯片母版视图"选项卡上的"插入幻灯片母版"按钮 ，就可以显示新的幻灯片母版视图。

③选中母版中的图标,按 Del 键删除。

4.利用"插入超级链接"创建超级链接

将第二张幻灯片中的目录"一、学院概况"与第三张幻灯片创建超级链接;"三、联系方式"与第五张幻灯片创建超级链接。

在幻灯片视图中,选中幻灯片上要创建超级链接的文本"一、学院概况",然后单击"插入"选项卡中的" "按钮,或选择"插入"→"超链接"命令,弹出"编辑超链接"对话框,如图 5-53 所示。在"链接到"中选择本文档中的位置,在"请选择文档中的位置"单击第三张幻灯片,然后单击"确定"按钮。第二张幻灯片中的目录"三、联系方式"与第五张幻灯片创建超级链接的操作方法与之相同。

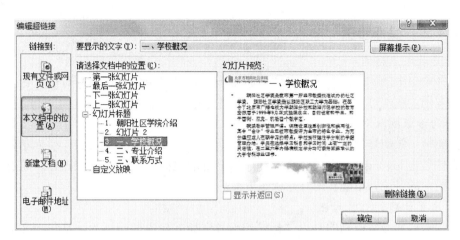

图 5-53 "编辑超链接"对话框

5. 使用"动作设置"创建超级链接

将第二张幻灯片中的目录"二、专业介绍"与第四张幻灯片创建超级链接。

在幻灯片视图中可以单击"插入"选项卡中的"动作"命令按钮创建超级链接。在创建超级链接之前，应保存要插入超级链接的演示文稿，否则不能创建链接。

①选择用于代表超级链接的文本或对象，然后选择"幻灯片放映"→"动作设置"命令，弹出"动作设置"对话框，如图 5-54 所示。

图 5-54 "动作设置"对话框

②对话框中有"单击鼠标"和"鼠标移过"两个选项卡。如果要使用单击启动跳转，请选择"单击鼠标"选项卡；如果使用鼠标移过启动跳转，请选择"鼠标移过"选项卡。

③选中"超链接到"单选按钮，然后选择跳转目标"幻灯片"，弹出"超级链接到幻灯片"对话框，如图 5-55 所示。选择第四张幻灯片，然后单击"确定"按钮。

图 5-55　"超链接到幻灯片"对话框

6. 设置动作按钮

在第三张幻灯片、第四张幻灯片、第五张幻灯片中分别插入返回按钮。单击返回按钮，可以返回到第二张幻灯片。

①选择"插入"→"形状"→"动作按钮"命令，显示"动作按钮"级联菜单，其中包括 12 个动作按钮，如图 5-56 所示。

图 5-56　"动作按钮"级联菜单

②选择所需的按钮，光标变成"十"字状。在幻灯片的适当位置拖动鼠标，"动作设置"对话框（见图 5-54）将自动显示。通过设置，将跳转的目标确定为第二张幻灯片。另外两个返回按钮的设置方法与此相同。

7. 插入背景音乐

可以为幻灯片加背景音乐。

①选择"插入"→"音频"→"文件中的音频"命令，弹出"插入音频"对话框，从中选择要插入的音乐文件，如图 5-57 所示。

图 5-57　"插入音频"对话框

②单击"插入"按钮，然后在"播放"选项卡中选择"自动"，如图 5-58 所示。

图 5-58　播放选项卡界面

将音乐或声音插入幻灯片后，会显示一个代表该声音文件的声音图标。若要播放这段音乐或声音，可以将它设置为幻灯片显示时自动开始播放、单击鼠标时开始播放、带有时间延迟的自动播放，或作为动画片段的一部分播放。如果要隐藏该图标，将它拖出幻灯片，并将声音设置为"自动播放"。

③右击插入的声音对象  ，然后在"动画"选项卡内的"动画窗格"中单击刚刚插入的音乐选项右侧的下拉箭头，在出现的菜单中单击"效果选项"。

在弹出的"播放音频"对话框中，选中"效果"选项卡"停止播放"下面的"在(F)：XX 张幻灯片之后"（"XX"为数字），在中间的数字增减框中输入适当的数字，如图 5-59 所示。

图 5-59　"播放音频"对话框

数字可以根据幻灯片的总张数来设定，比如幻灯片共有 4 张，那么可以设定为 5。这样，直到幻灯片结束，都没有达到设定的张数，声音就不会停止。

如果插入的声音文件比较短，可以切换到"计时"选项卡，在"重复"后面的下拉列表框中选中"直到幻灯片末尾"选项，如图 5-60 所示，避免因为声音文件太短，导致演示到后来没有背景音乐了。

图 5-60　"播放音频—计时"对话框

切换到"音频设置"选项卡，然后勾选"幻灯片放映时隐藏音频图标"复选框，如图 5-61 所示，在放映时，小喇叭图标就不会显示了。

图 5-61　"播放音频"对话框的"音频设置"选项

8. 设置放映计时

放映幻灯片有两种方式：人工放映和自动放映。在幻灯片浏览视图中人工设置时间间隔最为方便，因为在该视图中可以看到每张幻灯片的缩略图。操作步骤如下：

①选择"视图"→"幻灯片浏览"命令，切换到幻灯片浏览视图。

②选中要设置的幻灯片，然后选择"幻灯片放映"→"幻灯片切换"命令，打开"幻灯片切换"任务窗格。

③调出"每隔"复选框后，在其下的空白框中输入时间。"单击鼠标时"和"设置自动换片时间"这两个复选框可以同时被选中，那么在放映幻灯片时，以较早发生的事件为准。如果希望在幻灯片放映时，只有当选择快捷菜单中的"下一张"时才换页，应同时清除"单击鼠标时"和"设置自动换片时间"这两个复选框。

④如果要把以上设置应用到所有的幻灯片，单击"应用于所有幻灯片"按钮。完成以上设置后，回到幻灯片浏览视图中，会发现那些设置了时间间隔的幻灯片缩略图的左下角都有一个表示切换时间的数字，如图5-62所示。

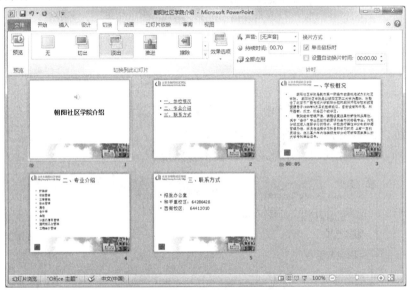

图 5-62　各种幻灯片的放映时间

5.4.3　相关知识

1. 设置页眉、页脚和幻灯片编号

在幻灯片母版状态选择"插入"→"页眉和页脚"命令，在"页眉和页脚"对话框的"幻灯片"选择卡中可设置页眉、页脚和幻灯片编号，如图5-63所示。

①"日期和时间"选项决定了在幻灯片的"日期区"是否显示日期和时间；选择"自动更新"单选按钮，可以使时间域随着制作日期和时间的变化而改变，用户可在其下拉列表框中选择一种显示的形式；选择"固定"单选按钮，表示用户自己输入日期或时间。

②"幻灯片编号"选项用于在"数字区"自动加上一个幻灯片数字编码，为每一张幻灯片编号。

③选中"页脚"复选框，然后用于在"页脚区"输入内容，作为每页的注释。

拖动各个占位符可以移动、安排各区域的位置，还可以对它们进行格式化：如果不想在标题幻灯片上显示编号、日期、页脚等内容，应选择"标题幻灯片中不显示"。

图 5-63　"页眉和页脚"对话框

2. 利用母版创建演播稿模板

设计模板是包含演示文稿样式的文件，包括项目符号以及字体的类型和大小、占位符大小和位置、背景设计和填充、配色方案以及幻灯片母版和可选的标题母版。使用设计模板的目的是让不同的演示文稿共享样式。

（1）应用设计模板

①选择"设计"→"主题"命令，打开"主题"工具组。

②执行下列操作之一：

➢ 若要对所有幻灯片（和幻灯片母版）应用设计模板，请单击所需模板。

➢ 若要将模板应用于单个幻灯片，请选择"幻灯片"选项卡上的缩略图；在任务窗格中，指向模板并单击箭头，再单击"应用于选定幻灯片"。

➢ 要将模板应用于多个选中的幻灯片，请在"幻灯片"选项卡上选择缩略图，并在任务窗格中单击模板。

➢ 若要将新模板应用于当前使用其他模板的一组幻灯片，请在"幻灯片母版"选项卡上选择一个幻灯片；在任务窗格中，指向模板并单击箭头，再单击"应用于母版"。

（2）创建自己的设计模板

PowerPoint 2010 的模板文件与普通演示文稿并无多大差别。通常，新的模板也是通过将演示文稿另存为模板得到的。

①在演示文稿里，删除新模板中不需要的任何文本、幻灯片或设计元素。

②选择"文件"→"另存为"命令。

③在"文件名"框中键入模板的名称，保存位置不变。

④在"保存类型"框中单击"演示文稿设计模板"，然后单击"保存"按钮。

如果将模板文件保存在缺省目录下，新模板会在下次打开 PowerPoint 2010 时按字母顺序显示在"主题"任务窗格之下。如果改变了模板的保存位置，在应用此设计模板时需要单击"主题"任务窗格下面的"浏览主题"命令来查找此模板。

3. 重新配色

选择"设计"→"主题"命令，打开"主题"任务窗格，然后单击"颜色"按钮对幻灯片的文本、背景、强调文字等各个部分重新配色。可以在配色方案对话框的"内置"选项中选择某一配色方案；也可以在"新建主题颜色"选择卡中为幻灯片的各个细节定义颜色，如图5-64所示。

4．插入多媒体文件

（1）插入数字视频文件

此处的"视频"是指桌面数字视频文件，其格式包括AVI、WMV、MPEG、Quicktime 等，文件扩展名包括.asfi、.avi、.mov、.qt、.mpg 和.mpeg。

选择"插入"→"视频"→"文件中的视频"命令即可插入一段影片。

尽管插入影片的操作是使用"插入"选项卡，但影片文件将自动链接到演示文稿中，而不像图片或绘图一样嵌入到演示文稿中。如果要在另一台计算机上播放带有链接文件的演示文稿，则必须在复制该演示文稿的同时复制它所链接的文件。

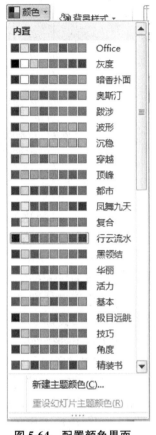

图5-64　配置颜色界面

小提示

如果 PowerPoint 2010 不支持某种特殊的媒体类型或特性，或者不能播放某个声音文件，可以尝试插入一个 Windows Media Player 对象来播放它。首先，打开 Windows Media Player 并从"文件"菜单上打开文件，可以在 PowerPoint 2010 环境外测试影片。

如果影片可以在 Windows Media Player 中播放，按以下步骤在 PowerPoint 2010 中插入一个 Windows Media Player 对象。

①选择"插入"→"对象"命令，然后在右边的列表中选择"Windows Media Player"并将其作为一个媒体剪辑插入。

②对象插入后会显示 Windows Media Player 界面，在此界面上单击鼠标右键并选择"属性"命令。

③通过设置"属性"窗口内的"自定义"栏目来指定播放的影片文件和其他播放属性。

（2）插入语音旁白

在下列情况下向演示文稿中添加旁白（配音）：

➢ 基于网站的演示文稿。

➢ 保存会议记录，便于演讲者以后校对。

➢ 用于自动运行幻灯片来放映演示文稿。

录制语音旁白的步骤如下：

①在普通视图的"大纲"选项卡或"幻灯片"窗格上，选择要录制旁白的幻灯片

图标或缩略图。

②选择"插入"→"媒体"命令，然后单击"音频"按钮，在下拉菜单中选择"录制音频"，弹出"录音"对话框，如图 5-65 所示。

图 5-65   "录音"对话框

③单击按钮 ● 进行录制。录音结束后，单击按钮 ▶ 进行播放。

④录音结束后，单击按钮 ■ 结束。

旁白是自动保存的，而且会出现信息询问是否需要保存放映时间。请执行下列操作之一：

➢ 若要保存放映时间，请单击"保存"按钮。幻灯片浏览视图中会显示幻灯片，而且每张幻灯片的底部都有幻灯片放映时间。

➢ 若要取消该时间，请单击"不保存"按钮（可以单独地录制该时间）。

5. 幻灯片页面演播控制

在 PowerPoint 2010 中放映幻灯片有下述几种方法：单击演示文稿窗口右下角的"▣"按钮；打开"幻灯片放映"选项卡，然后选择"从头开始"命令；打开"视图"选项卡，然后选择"幻灯片浏览"命令。

PowerPoint 2010 中文版定义了三种不同的放映幻灯片的方式，分别适用于不同的场合。

（1）演讲者放映（全屏幕）

这种放映方式是将演示文稿进行全屏幕放映。这是最常用的方式，通常用于演讲者放映演示文稿时。演讲者具有完全的控制权，并可采用自动或者人工方式进行放映；演讲者可以将演示文稿暂停，添加会议细节或即席反应；还可以在放映过程中录下旁白。需要将幻灯片投射到大屏幕上或者使用演示文稿召开会议时，也可使用此方式。

（2）观众自行浏览（窗口）

这种放映方式适合于运行小规模的演示。在这种放映方式下，演示文稿会出现在小型窗口内，并提供命令，使得在放映时能够移动、编辑、复制和打印幻灯片。在此方式下，可以使用滚动条从一张幻灯片移到另外一张幻灯片，同时打开其他程序；也可显示 Web 工具栏，以便浏览其他演示文稿和 Office 文档。

（3）在展台浏览（全屏幕）

在此方式下可自动运行演示文稿。如果展台或其他地点需要在无人管理的情况下放映幻灯片，可以采用这种方式：将演示文稿设置为在放映幻灯片时大多数菜单和命令都不可用，并且在每次放映完毕后重新启动放映。

幻灯片放映时可单击鼠标右键，通过弹出的快捷菜单控制放映进程。鼠标可以在箭头和绘图笔间切换。鼠标作为绘图笔使用时，可以在显示屏幕上标识重点和难点、写字、绘图等，可以通过快捷菜单中的"指针选项"切换绘图笔颜色。

6. 设置放映时间

放映幻灯片有两种方式：人工放映和自动放映。当使用自动放映方式时，需要为每张幻灯片设置放映时间。设置放映时间的方法有两种，第一种是由用户为每张幻灯片人工设置时间；第二种是使用排练功能，在排练时，自动记录下排练时间，几次排练后，从中选择一个比较满意的时间作为幻灯片的放映时间。人工计时已经在案例中讲过，下面主要介绍排练计时的操作步骤。

①在幻灯片浏览视图中，选择"幻灯片放映"→"排练计时"命令。

②这时，将以全屏幕的方式播放幻灯片，并且在屏幕的左上角出现一个"录制"栏，如图 5-66 所示。

图 5-66　"预演"工具栏

③要播放下一个对象的动画时，单击"录制"工具栏中的"下一项"按钮。

④当把所有的幻灯片都放映完毕以后，将会显示放映总共花费的时间，并且询问是否要使用所记录的新时间，如图 5-67 所示。

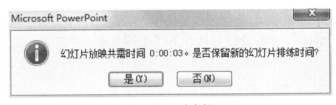

图 5-67　消息框

⑤在弹出的消息框中单击"是"按钮。

⑥选择"幻灯片放映"→"设置幻灯片放映"命令，在"换片方式"框中选中"如果存在排练时间，则使用它"，如图 5-68 所示。如果不做这一项设置，即使设置了放映计时，在放映幻灯片时也不会使用。

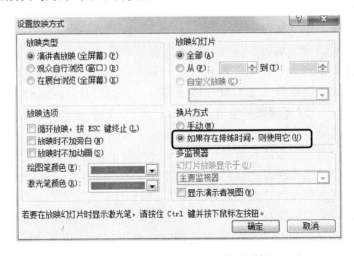

图 5-68　"设置放映方式"对话框

7. 自定义放映

自定义放映是指针对不同的听众，把一套演示文稿的不同幻灯片重新组合起来并命名，然后根据需要，选择自定义名进行放映。设置自定义放映的操作步骤如下：

①选择"幻灯片放映"→"自定义幻灯片放映"命令，弹出"自定义放映"对话框，如图 5-69 所示。

图 5-69　"自定义放映"对话框

②单击"新建"按钮，弹出"定义自定义放映"对话框，如图 5-70 所示。

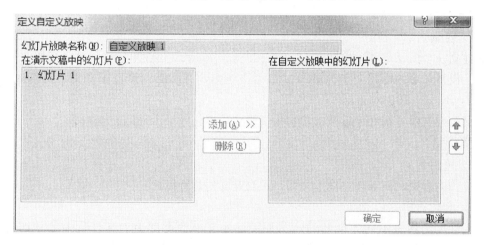

图 5-70　"定义自定义放映"对话框

在该对话框的左边列出了演示文稿中所有幻灯片的标题，从中选择要添加到自定义放映的幻灯片后，单击"添加"按钮，选定的幻灯片将出现在右边框中。当右边框中出现多个幻灯片标题时，可通过右侧的上、下箭头调整顺序。如果右边框中有选错的幻灯片，选中幻灯片后单击"删除"按钮，就可以从自定义放映幻灯片中将其删除，但它仍然在演示文稿中。

幻灯片选取并调整完毕后，在"幻灯片放映名称"框中输入名称，并单击"确定"按钮，回到"自定义放映"对话框。如果要预览自定义放映，单击"放映"按钮。如果要添加或删除自定义放映中的幻灯片，单击"编辑"按钮，重新进入"设置自定义放映"对话框，然后单击"添加"或"删除"按钮进行调整。

如果要删除整个自定义的幻灯片放映，可以在"自定义放映"对话框中选择要删除的自定义名称，然后单击"删除"按钮，则自定义放映被删除，原来的演示文稿仍存在。

5.4.4 上机实训

实训 1

1. 实训目的

使用内容提示向导创建演示文稿，插入文本框，并建立链接。

2. 实训内容

①使用内容提示向导创建演示文稿，演示文稿的类型为"企业"中的"公司会议"，标题为"公司会议"，其余附加项目为默认设置。

②在幻灯片 1 的右下角插入一个"横排"的文本框，输入内容为"退出"。

③为插入的文本框建立链接，当单击"退出"时，结束放映。

④设置所有幻灯片的切换效果为盒状展开、中速，切换方式为每隔 2 秒钟。

⑤将演示文稿以 5＿4＿1.ppt 为文件名保存到"我的文档"中。

实训 2

1. 实训目的

幻灯片母版的设置。

2. 实训内容

建立一个演示文稿，按样文 5＿4Y＿1.ppt 为演示文稿建立一个幻灯片母版。

①设置母版的标题文字为隶书，48 号，倾斜，有阴影；设置正文文字为楷体＿GB2312，36 号，居中对齐。

②按样文设置幻灯片母版的背景为过渡纹理填充效果。

实训 3

1. 实训目的

使用内容提示向导创建演示文稿，并自定义幻灯片播放。

2. 实训内容

①使用内容提示向导创建演示文稿，演示文稿的类型为"常规"中的"建议方案"，标题为"建议方案"，其余附加项目为默认设置。

②新建名为 PP＿35 的自定义放映，放映幻灯片 1、2、3、4、5（其他不放映）。

③将演示文稿以 5＿4＿3.ppt 为文件名保存到"我的文档"中。

实训 4

1. 实训目的

在幻灯片中插入声音。

2. 实训内容

打开"练习"文件夹下的 5＿4＿4.ppt 文件，并完成下面的操作：在幻灯片中插入"剪辑管理器中的声音"中的"Windows 登录音.wav"声音文件，播放方式为"单击时播放"。设置声音文件的声音长度为循环播放，并保存演示文稿。

实训 5

1. 实训目的

超级链接的设置。

2. 实训内容

打开"练习"文件夹下的 5＿4＿5.ppt 文件，并完成下面的操作：

①在演示文稿的"内容简介"页，为各个"内容标题"建立链接；当单击"内容标题"时，跳转到相应的内容页。

②在演示文稿 3、4、5、6 页中，分别为右下角"返回"文本框建立链接；当单击"返回"文本框时，跳转到"内容简介"页；保存演示文稿。

5.5　Office 应用程序的协同工作

本节主要讲解 Word、Excel、PowerPoint 应用程序之间的数据共享。

5.5.1　Word 与 PowerPoint 信息传送

1. 在 Word 中使用 PowerPoint 文档

在 Word 中使用 PowerPoint 文档有两种方法，一种是在 PowerPoint 中将幻灯片导出到 Word，另一种是在 Word 中插入 PowerPoint 文档。

（1）将幻灯片导出至 Word

①打开要转化的演示文稿。

②选择"文件"→"保存发送"命令，再从"创建讲义"的级联菜单中选择"Microsoft Word"命令，打开如图 5-71 所示的"发送到 Microsoft Word"对话框。

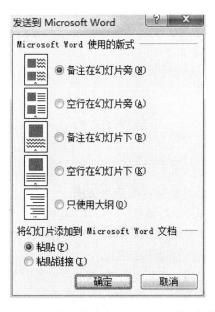

图 5-71　"发送到 Microsoft Word"对话框

③在"Microsoft Word 使用的版式"选项区域中有 5 个单选按钮，其含义如下：

➢ 备注在幻灯片旁：在 Word 文档中，将幻灯片备注放在幻灯片右侧。
➢ 空行在幻灯片旁：在 Word 文档中，在每张幻灯片的右侧添加空行。
➢ 备注在幻灯片下：在 Word 文档中，将幻灯片备注放在幻灯片下面。
➢ 空行在幻灯片下：在 Word 文档中，在每张幻灯片的下面添加空行。
➢ 只使用大纲：只是把演示文稿发送到 Word 中作为大纲。

④在"将幻灯片添加到 Microsoft Word 文档"选项区域中有两个单选按钮："粘贴"和"粘贴链接"。这两个单选按钮的含义如下：

➢ "粘贴"：选中该单选按钮，只是把幻灯片嵌入到 Word 文档中，嵌入的幻灯片与原演示文稿之间没有创建链接关系。在 Word 文档中双击该幻灯片，可进入 Power-Point 对幻灯片进行编辑。

➢ "粘贴链接"：选中该单选按钮，将幻灯片插入到 Word 文档中，它与原演示文稿之间创建了链接关系。当在 PowerPoint 中更新演示文稿时，插入到 Word 文档中的幻灯片会跟着更新。

⑤将文稿发送到 Word 文档中后，即可在 Word 中对其进行编辑并保存。

（2）在 Word 文档中插入 PowerPoint 文档

①进入 Word 文档。

②选择"插入"→"对象"命令，弹出"对象"对话框，选择"由文件创建"选项卡，如图 5-72 所示。

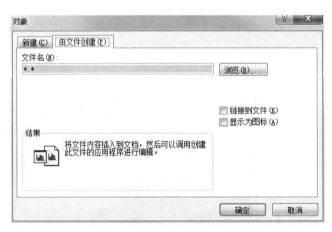

图 5-72 "对象"对话框

③单击"浏览"按钮，选择要插入的演示文稿。

2. PowerPoint 中使用 Word 文档

在演示文稿中使用 Word 文档可以采用复制粘贴法和导入法。

（1）复制粘贴法

①打开要复制的 Word 文档，然后选中文本，并单击"复制"按钮。

②打开演示文稿，将光标插入点定位到占位符中，再选择"开始"→"剪贴板"命令，弹出"选择性粘贴"对话框，如图 5-73 所示。

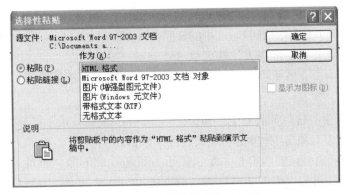

图 5-73　"选择性粘贴"对话框

③选定"作为"区列表中的"无格式文本"选项。

（2）导入法

①打开演示文稿。

②选择"插入"→"幻灯片（从大纲）"命令，弹出"插入大纲"对话框。

③在"插入大纲"对话框中选择 Word 文档。

5.5.2　Excel 与其他应用程序协同工作

1. Word 中的表格以嵌入方式导出至 Excel

例如，将案例文件"会议日程表.doc"中的会议日程表导出至 Excel。

①进入案例文件"会议日程表.doc"。选中整个日程表，然后单击"复制"按钮。

②新建 Excel 文档，然后单击任意单元格，再单击"粘贴"按钮，将表格粘贴到 Excel 中。

③在 Excel 中，在粘贴区域右下角将显示智能标记，可以选择"保留原格式"或者"目标格式"。本例选择"目标格式"，并进行适当修饰，如图 5-74 所示。

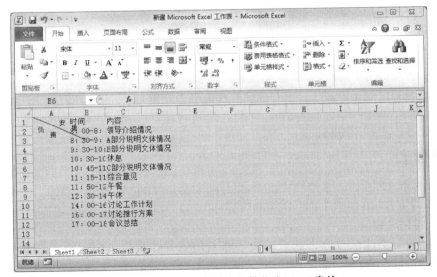

图 5-74　将 Word 中的表格转化为 Excel 表格

从图 5-74 可以看到，Word 中的斜线表头粘贴后为图形对象，可以删除后重新编辑。

2. 将 Excel 表格以链接方式导出至 Word

例如，将上例中复制粘贴到 Excel 中的日程表以动态方式复制并粘贴到 Word 新文档中。

①进入 Excel 并选中日程表，然后单击"复制"按钮。

②在 Word 中建立新文档，然后选择"开始"→"剪贴板"命令，再单击"粘贴"按钮。

③在"选择性粘贴"对话框中，如图 5-75 所示，在"形式"区域选择"Microsoft Excel 2003 工作表对象"，并单击"粘贴链接"按钮。

Word 中显示的日程表内容是一个以图形方式显示的对象，不能进行内容的编辑，表格内容随 Excel 原表格内容的变化而自动更新。

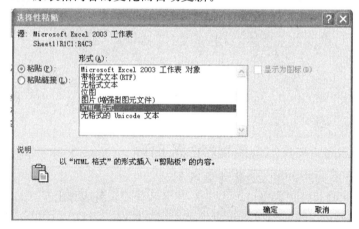

图 5-75　"选择性粘贴"对话框

 小提示

粘贴操作包括嵌入式粘贴与链接式粘贴两种方式。

所谓"嵌入"，就是将其他软件制作的内容直接粘贴至当前文档，使之成为文档的一部分，但其中的内容与原始数据相关。

所谓"链接"，就是将原始数据与目标位置建立链接，保持数据的即时跟踪状态，粘贴后的数据不能直接编辑，但可以随原始数据自动更新。

5.5.3　上机实训

实训 1

1. 实训目的

掌握 PowerPoint 与 Excel 的信息传送。

2. 实训内容

①新建一个演示文稿，然后插入一张新幻灯片，设置幻灯片版式为"标题和图表"，输入标题内容为"职工登记表"。

②在幻灯片的图表位置插入图表，导入文件为"练习"文件夹下 5＿5＿1.xls 文件中的"Sheet1"工作表，图表类型为"三维簇状柱形图"，数据系列为"列中系列"。

③以 5 _ 5 _ 1. ppt 为文件名保存到"我的文档"中。

实训 2

1. 实训目的

掌握 PowerPoint 与 Word 之间的信息传送。

2. 实训内容

将"练习"文件夹中的 5 _ 5 _ 2. doc 文件做成演示文稿。

实训 3

1. 实训目的

掌握 Excel 与 Word 之间的信息传送。

2. 实训内容

新建一个 Word 文档，标题为"通讯录"。在文档中插入"练习"文件夹中的Excel 文档 5 _ 5 _ 3. xls。

5.6　PowerPoint 2010 操作技巧及问题

5.6.1　PowerPoint 2010 复制对象动画功能

PowerPoint 2010 新增加了动画刷  功能。利用动画刷可以复制一个对象的动画，并将其应用到另一个对象。当幻灯片需要批量设置相同动画时，动画刷功能可以节省不少工夫。动画刷的操作步骤如下：

①启动 PowerPoint 2010，新建一个空白演示文稿。为文稿添加主标题与副标题，然后在主标题上添加"出现"动画。

②选中添加动画的主标题，在"动画"选项卡的"高级动画"工具组内单击"动画刷"按钮，鼠标光标变成"小刷子"。用"小刷子"选中副标题，副标题即复制了主标题的"出现"动画，如图 5-76 所示。

图 5-76　"动画刷"功能演示界面

5.6.2 利用 PowerPoint 2010 轻松制作精美电子相册

用 PowerPoint 2010 可以很轻松地制作出专业级的电子相册。早期的 PowerPoint 没有提供这一功能，只有在 PowerPoint 2002 以后的版本中才有这项功能。操作步骤如下：

①启动 PowerPoint 2010，新建一个空白演示文稿。执行"插入"→"图像"→"相册"命令，弹出"相册"对话框。

②相册的图片可以选择磁盘中的图片文件（执行"文件"→"磁盘"命令），如图 5-77 所示。

图 5-77 "相册"对话框

在弹出的选择插入图片文件的对话框中，按住 Shift 键（连续的）或 Ctrl 键（不连续的）选择图片文件，选好后单击"插入"按钮返回"相册"对话框。如果需要选择其他文件夹中的图片文件，可再次单击该按钮加入。

③所有被选择插入的图片文件都出现在"相册"对话框的"相册中的图片"文件列表中，单击图片名称可在预览框中看到相应的效果。单击图片文件列表下方的"↑"、"↓"按钮可改变图片出现的先后顺序；单击"删除"按钮可删除被加入的图片文件。

通过图片"预览"框下方提供的 6 个按钮，可以旋转选中的图片、改变图片的亮度和对比度等。

④单击"图片版式"右侧的下拉列表，可以指定每张幻灯片中图片的数量和是否显示图片标题。单击"相框形状"右侧的下拉列表，可以为相册中的每一张图片指定相框的形状，但该功能必须在"图片版式"不使用"适应幻灯片尺寸"选项时才有效。最后，还可以为幻灯片指定一个合适的模板，单击"设计模式"框右侧的"浏览"按

钮即可进行相应的设置。

5.6.3　为 PowerPoint 文件快速瘦身

如果用 PowerPoint 制作宣传片，由于图片相当多，做出来的 PowerPoint 文件非常大，后期调试放映非常麻烦，每一次都要等好长时间。下面介绍一种简单的方法，让 PowerPoint 自动完成图片的压缩工作，从而减小演示文稿的"体积"。

选中一张图片，选择"格式"→"调整"命令，再单击"压缩图片"，弹出"压缩图片"对话框。"压缩选项"一栏不勾选"仅应用于此图片"；如果仅仅用于投影展示，选择"屏幕"；勾选"选项"中的"删除图片的裁剪区域"。

5.6.4　在 PowerPoint 2010 中插入 Flash

选择"开发工具"→"控件"命令，单击"其他控件"按钮。在弹出的"其他控件"选项界面中，选择"Shockwave Flash Object"项，将出现"十"字光标。将该光标移动到 PowerPoint 2010 的编辑区域中，并画出大小合适的矩形区域，也就是播放动画的区域，就会出现一个方框。如果在功能选项卡中没有找到"开发工具"，需要单击"文件"选项卡中的"选项"按钮，调出"PowerPoint 选项"对话框，再单击"自定义功能区"，在其右侧列表中勾选"开发工具"，如图 5-78 所示。

图 5-78　自定义功能区界面

在矩形框上右击，在弹出的快捷菜单中选择"属性"命令，打开"属性"对话框，如图 5-79 所示。在"属性"对话框中可以修改 Flash 的基本属性。这种插入 Flash 动画的方法有一个缺点，即在播放幻灯片时，Flash 动画会自动播放，用户不能自主地控制。

5.6.5　演示文稿异地播放

1. 直接复制法

一般情况下，采用直接复制法是最简单且方便的，但是这也是最危险的，因为这样复制出来的演示文稿由于没有自播放功能，只能在安装了 PowerPoint 2010 的计算机中播放。因此建议用户在没有弄清楚其他计算机中是否安装了 PowerPoint 2010 的情况下，不要采取这种方法。

2. 直接放映幻灯片

除了在 PowerPoint 2010 中播放演示文稿外，也可以将演示文稿保存为"幻灯片放映"类型，以便在 Windows 中直接放映。

首先打开要演示的文稿，然后选择"文件"→"另存为"命令，弹出"另存为"对话框。单击对话框中"保存类型"框右面的箭头，在列出的清单中选择"PowerPoint 放映（*.pps）"，然后单击"保存"按钮。保存后，演示文稿文件的扩展名为 .pps。

需要注意的是，在没有安装 PowerPoint 2010 的计算机中，是不能放映这种文件的。

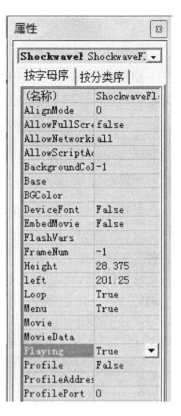

图 5-79　"属性"对话框

3. 使用 PowerPoint 播放器

在 PowerPoint 2010 中加入了 PowerPoint 播放器功能，用户不用安装 PowerPoint 即可播放演示文稿，而且在播放器中播放的效果与在 PowerPoint 中的演示效果完全一样。为准备在没有安装 PowerPoint 的计算机上播放演示文稿，首先将播放器和演示文稿文件复制到硬盘上，播放器文件的位置在"Microsoft Office \ Office \ Xlators"，文件名为"Ppview32.exe"（或者直接在 Office 2010 安装盘中查找）。

具体的使用方法如下：

①首先找到 Ppview32.exe 文件，通过双击执行，即可打开 PowerPoint 播放器。

②从播放器窗口中选择要播放的文件，然后在"换片方式"选项中选择换片方式。如果想进一步设置有关选项，单击"选项"，然后在其中进行设置；如果用演示文件本身的设置，可选择"使用已保存设置"，然后单击"确定"按钮。

③需要注意的是，如果选择了"有密码保护的幻灯片放映"，并且选中演示文稿，当单击"显示"按钮时，会弹出对话框，要求输入密码。此密码的作用是防止别人随意退出正在播放的演示文稿。

5.6.6　上机实训

1. 实训目的

掌握 PowerPoint 2010 综合应用。

2. 实训内容

以旅游为主题创作演示文稿，要求：

①主题明确，整体色彩运用合理，布局美观，有创意。

②演示文稿中的幻灯片张数在 15 张以上。

③幻灯片中要有文字、图片、音乐、自己绘制的图形，且安排合理，反映主题。

④正确使用自定义动画、幻灯片切换和超链接。

第6章　网络基础与 Internet 的应用

目标：了解计算机网络基础知识，掌握 Internet 网络应用和电子邮件的基本操作。

重点：Internet 的基本操作、电子邮件的使用。

计算机网络以及 Internet 的兴起和快速发展，为人们更广泛地共享资源，更有效地处理信息、传送信息提供了强有力的支持。掌握计算机网络及 Internet 的使用方法，成为当代人就业和生活不可或缺的一项重要工作技能。

6.1　网络基础知识

6.1.1　计算机网络的发展历程

计算机网络起源于 20 世纪 50 年代，当时美国在本土北部和加拿大境内建立了一个半自动地面防空系统，称为 SAGE 系统。该系统由雷达获取设备、通信线路、含有数台大型计算机的信息处理中心组成。

雷达获取飞机在飞行中的变化数据，然后通过通信设备传送到军事部门的信息处理中心，经过加工计算，判明是否有入侵的敌机并得到它的航向、位置等，以便通知防空部队做好战斗准备。这就是面向终端的计算机通信网的雏形。

在这种系统中，一端是没有处理能力的终端设备（如由键盘和显示器构成的终端机），它只能发出请求，叫另一端做什么；另一端是大型计算机，可以同时处理多个远方终端传来的请求。因此，这一代计算机网络称为面向终端的计算机网络。

20 世纪 60 年代冷战时期，美国国防部高级研究局（ARPA）为了在军事上对抗苏联而组建了 ARPANET，它是当今互联网 Internet 的前身。ARPANET 网中采用的许多网络技术，如分组交换、路由选择等至今仍在使用。

ARPANET 网由子网和主机组成。子网由一些小型机，称为接口信息处理机 IMP（Interface Message Processor）组成，IMP 由传输线连接。一台 IMP 和一台主机构成网中的一个节点。主机向 IMP 发送报文，报文按一定的字节数分组发往目的地。实现两台主机的互相通信要通过若干台 IMP 的传递，这就是存储—转发的方式。

连入网中的每台计算机本身是一台完整的独立设备，每台可独立工作。连入网的计算机可共享系统的硬件、软件和数据资源。这一代计算机网络称为以资源共享为主要目的计算机—计算机网络。

到了 1984 年，国际标准化组织（International Standard Organization，ISO）公布了开放系统互联参考模型（Open System Interconnection /Reference Model，OSI/RM）。从此，网络产品有了统一标准，促进了企业的竞争，大大加速了计算机网络的发展。

网络互联技术、光纤通信和卫星通信技术的发展，促进了网络之间实现更大范围的互联。

小贴士

所谓信息高速公路，是以光纤为传输媒体，传输速率极高，集电话、数据、电报、有线电视、计算机网络等所有网络为一体的信息高速公路网。

6.1.2　计算机网络功能

计算机网络最基本的功能就是资源共享、异地通信。不同地区的网络用户通过计算机网络可以实现快速而可靠地信息传输，入网用户共享网络中的软/硬件资源；计算机网络还可借助硬件和软件手段保证系统的可靠性；将一项工作分散到网中的多台计算机上完成，提高了工作效率；集中控制、管理、分配网络的软件、硬件资源等。

6.1.3　计算机网络的分类

计算机网络按其规模大小与距离远近分为以下三大类。

1. 局域网 LAN（Local Area Network）

它一般指规模相对较小的网络，地理范围在 10 千米以内。局域网一般在一栋楼内或在一个校园内组网。其数据传输率高，通常在 100Mbps 左右，有的主干网可以达到 1000Mbps；误码率低，一般在 10^{-9} 左右。

2. 城域网 MAN（Metropolitan Area Network）

城域网的规模比局域网要大一些，通常覆盖一个地区或城市，地域的范围从几十千米到几百千米。

3. 广域网 WAN（Wide Area Network）

广域网的覆盖面很大，不但可以将多个局域网或城域网连接起来，还可以把世界各地的局域网连接在一起，传送距离可达上千千米。广域网的传输速率相对局域网来说比较慢；其误码率高，一般在 $10^{-3} \sim 10^{-5}$。

6.1.4　计算机网络的拓扑结构

网络中的计算机等设备要实现互联，需要以一定的结构方式进行连接，这种连接方式就叫做"拓扑结构"。目前常见的网络拓扑结构主要有星型拓扑结构、环型拓扑结构和总线型拓扑结构。

1. 星型拓扑结构

这种结构是目前在局域网中应用得最为普遍的一种拓扑形式。星型网络是指网络中的各工作站节点设备通过一个网络集中设备（如集线器或者交换机）连接在一起，各节点呈星状分布（见图 6-1）。这类网络目前用得最多的传输介质是双绞线。

星型拓扑结构的主要特点有：配置灵活、管理维护容易、故障检测与隔离方便；但是这种结构对中心节点的依赖性大，一旦中心节点出现故障，将导致整个网络瘫痪。所以，这种中心设备在各单位都被放在专门的房间里由专人负责管理。

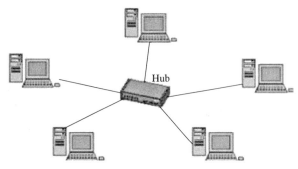

图 6-1　星型拓扑结构

2. 环型拓扑结构

环型拓扑结构的网络形式主要应用于令牌网。在这种网络结构中，各设备直接通过电缆串接，最后形成一个闭环。整个网络发送的信息在环中传递，通常把这类网络称为"令牌环网"（见图 6-2）。

环型拓扑结构的主要特点有：初始安装比较容易、故障诊断比较方便，但是重新配置较为困难。

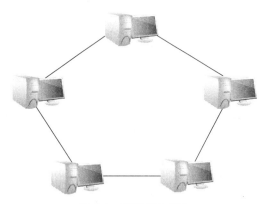

图 6-2　环型拓扑结构

3. 总线型拓扑结构

在这种网络拓扑结构中，所有设备都直接与总线相连，它所采用的介质一般是同轴电缆，现在也有采用光缆作为总线型传输介质的（见图 6-3）。

总线型拓扑结构的主要特点有：组网费用低、安装简便，但介质的故障会导致网络瘫痪，监控比较困难。

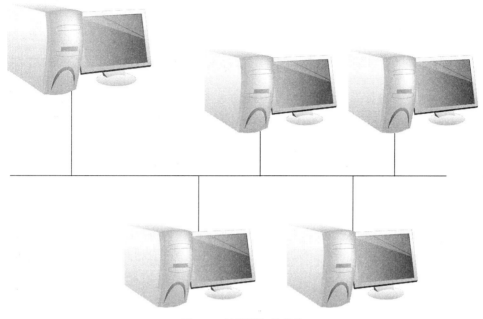

图 6-3　总线型拓扑结构

6.2　Internet 基础知识

6.2.1　Internet 简介

Internet，中文正式译名为因特网，又叫做国际互联网。它是由那些使用公用语言互相通信的计算机连接而成的全球网络。一旦连接到它的任何一个节点上，就意味着该计算机已经连入 Internet。

Internet 用户遍及全球，有超过几十亿人在使用 Internet，并且其用户数还在呈指数倍增长。

Internet 受欢迎的原因在于它为人们提供计算机网络通信设施的同时，还提供了非常友好的、人人乐于接受的访问方式。Internet 使计算机工具、网络技术和信息资源不仅被科学家、工程师和计算机专业人员使用，也为广大群众服务，进入非技术领域、进入商业、进入千家万户。Internet 已经成为当今社会最有用的工具，它正在悄悄地改变着人们的生活方式。

6.2.2　IP 地址

网络上的每一个节点都必须有一个独立的 Internet 地址（又叫 IP 地址）。所有连网主机的 IP 地址统一由 Internet 网络信息中心分配，并由各级网络中心分级管理与分配。我国高等院校校园网的网络地址一律由 CERNET 网络中心管理，由它申请并分配给各院校。

目前使用的 IP 地址是由一组 32 位的二进制数字组成，也就是常说的 IPv4 标准。在 IPv4 标准中，地址被分为 A、B、C、D、E 五类，其中 A、B、C 三类地址分配给网络用户上网使用。

 小贴士

IP 地址分类

A 类地址的最高位为 0，后随的 7 位为网络号部分，剩下的 24 位表示主机号。这样，A 类网的个数为 $2^7-2=126$；每个 A 类网中的允许主机数约为 1600 万台。

B 类地址的最高两位为 10，后随的 14 位为网络号部分，剩下的 16 位表示主机号。这样，B 类网的个数约为 16 000；每个 B 类网中的允许主机数约为 65 000 台。

C 类地址的最高三位为 110，后随的 21 位为网络号部分，剩下的 8 位表示主机号。这样，C 类的个数约为 200 万；每个 C 类网中允许有 254 台主机。

为了书写简单，便于记忆，通常将 32 位分成 4 段，再将每段的 8 位二进制数转换成十进制数，称为"点分十进制"。例如，11000000.01100000.00110000.00011000 经过转换变成了 192.96.48.24。

6.2.3 域名地址

即便采用了点分十进制的方法，IP 地址还是难于记忆。仅从数字上看不出层次结构，也看不出地域分布。为此，Internet 设计了一种域名系统（Domain Name System，简称 DNS）。

域名地址是分层次的，一般由主机名、机构名、机构的类别和最高层域名组成。例如：www.sina.com.cn。常见的机构类顶级域名如表 6-1 所示，常见的国家或地区类顶级域名如表 6-2 所示。

表 6-1　机构类顶级域名

域　名	含　义
com	商业机构
edu	教育机构
gov	政府部门
mil	军事机构
net	网络组织
int	国际机构
org	其他非营利性组织

表 6-2　国家或地区类顶级域名

域名	国家或地区	域名	国家或地区
cn	中国	uk	英国
ca	加拿大	us	美国
fr	法国	ru	俄罗斯
hk	香港（中国）	jp	日本

1. IPv6

尽管 IPv4 标准用 32 位表示地址空间，可以容纳 40 多亿个地址，但是 IP 地址分配

原则造成 IP 地址的大量浪费。随着网络技术的飞速发展，网上用户呈指数倍增长，IP 地址不足的问题迫在眉睫。

IPv6 协议大大扩展了 IP 地址范围，它采用 128 位地址空间，是 IPv4 地址数量的 296 倍，这么巨大的地址空间足可以满足现在和未来的地址分配需要。可以说，地球上的任何生物，甚至每一粒沙子都可以具有一个 IP 地址。采用 IPv6 技术后，不需要再采用目前节省 IP 地址的手段。

2. 域名抢注

域名抢注是近年来网络上的热门事件，从跨国公司到知名展会，从"神六"、"超女"到"团团"、"圆圆"这样的热门名词都成为抢注的焦点。近两年中文域名成为抢注者的新宠，随着新一代互联网浏览器 IE7.0 的问世，中文上网的普及时代已经来临，中文域名将彻底升级我国广大互联网用户的上网习惯。据悉，Google、宝马、宝洁、星巴克、戴尔等数十家跨国公司因中文域名遭遇抢注而发生过域名纠纷。

域名是网络上的一台服务器或一个网络系统的名字，域名如同商标，是企业或个人在因特网上的标志之一。在全世界没有重复的域名，域名具有唯一性。也正因其"唯一"，域名抢注便具有了一定的经济因素，由此产生了域名投资这个行业，甚至被誉为是"一座正待开发的金矿"。

小贴士

2006 年 3 月 17 日，中国互联网络信息中心最新修订的《域名争议解决办法》正式实施。新办法强调了"先注先得"的国际通行注册制度，体现了保护广大域名注册者权益的原则，同时对"恶意注册"的概念有了清晰的界定。

注册域名用于出售将不再属恶意抢注，注册者只有向民事权益所有人的投诉人或竞争对手出售、出租或者以其他方式转让该域名，以获得不正当利益才能被定义为"恶意注册"。但是，中国互联网信息中心推出中文域名注册服务以来，仅有少数知名企业储备性地注册了中文域名，大多数企业仍在保持"沉默"。

在网络市场中，企业在传统经济领域所遇到的问题同样出现在互联网领域。随着中文上网时代的到来，企业不仅要为其品牌进行中文域名注册、保护、应用，同时要对可能产生误解、歧义的词汇进行保护性注册，为企业今后的网络品牌发展创造一个良好的网络基础环境。

6.3　案例 1——上网前的准备

6.3.1　案例及分析

1. 案例

设置 ADSL 拨号上网和无线路由器上网。

2. 案例分析

了解几种接入互联网的常用方法，学会在 Windows 7 中设置 ADSL 上网和无线路由器上网。

6.3.2 操作步骤

1. 设置 ADSL 拨号上网

①首先要到当地的通信公司营业厅办理 ADSL 业务。交费后即可获得 ADSL 上网账号、用户名和密码。硬件方面由通信公司的人员来解决。

②在硬件安装就绪后，进行 ADSL 上网设置。

选择"开始""控制面板"命令，打开"网络和 Internet"窗口，如图 6-4 所示。单击"查看网络状态和任务"，打开"网络和共享中心"窗口，如图 6-5 所示。

③选择"设置新的连接或网络"命令，弹出"设置连接或网络"窗口，如图 6-6 所示。选择"连接到 Internet"命令，然后单击"下一步"按钮。

图 6-4　"网络和 Internet"窗口

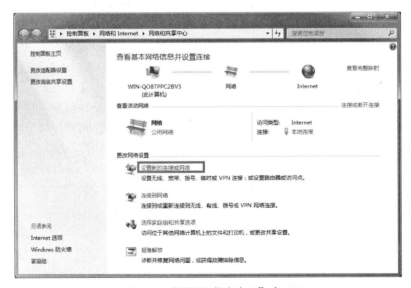

图 6-5　"网络和共享中心"窗口

④弹出"连接到 Internet"窗口，如图 6-7 所示。选择"宽带（PPPoE）"命令，

然后单击"下一步"按钮。

⑤弹出"键入您的 Internet 服务提供商提供的信息"窗口,如图 6-8 所示。输入由电信部门提供的用户名和密码后,单击"下一步"按钮,完成设置。

图 6-6　"设置连接或网络"窗口

图 6-7　"连接到 Internet"窗口

图 6-8 "键入您的 Internet 服务提供商提供的信息"窗口

⑥设置完成后，上网时直接双击桌面上的 ADSL 快捷图标，在弹出的"宽带连接"窗口中单击"连接"按钮即可，如图 6-9 所示。

图 6-9 "宽带连接"窗口

2. 无线路由器设置

①首先将计算机里的网卡都设为"自动获取 IP 地址"。打开控制面板，选择"网络和 Internet"命令，在弹出的窗口中选择"查看网络状态和任务"命令，再右击

"本地连接"，如图 6-10 所示。选择"属性"命令，弹出"本地连接 属性"对话框，如图 6-11 所示。选择"Internet 协议版本 4"命令，然后单击"确定"按钮，弹出如图 6-12所示的对话框。选择"自动获得 IP 地址"，然后单击"确定"按钮。

图 6-10　"网络连接"窗口

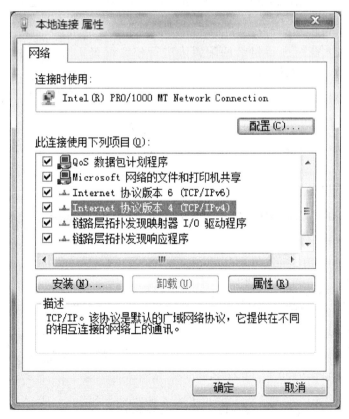

图 6-11　"本地连接 属性"对话框

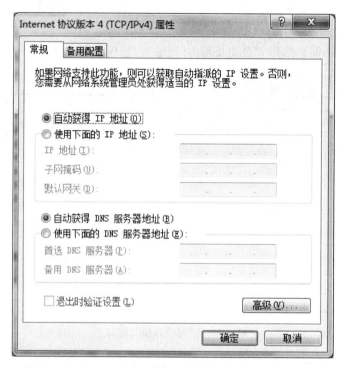

图 6-12　IP 地址设置

②根据不同无线路由器自带的配置表进行相关配置。以 TP-LINK 为例，登录 http：//192.168.1.1，然后输入用户名与密码。TP-LINK 默认的用户名和密码为 "admin"，如图 6-13 所示。单击 "确定" 按钮，登录到路由器配置界面首页，如图 6-14 所示。

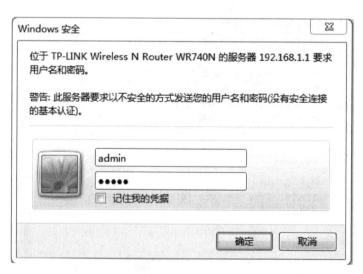

图 6-13　TP-LINK 登录界面

③单击左侧 "设置向导" 选项，系统自动弹出页面框，如图 6-15 所示。单击 "下

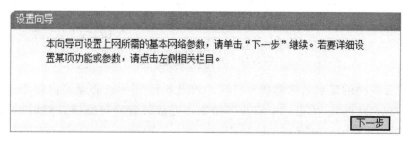

图 6-14　路由器配置界面首页

一步"按钮，如图 6-16 所示。然后选择"PPPoE（ADSL 虚拟拨号）"命令，再单击
"下一步"按钮。

图 6-15　"设置向导"界面

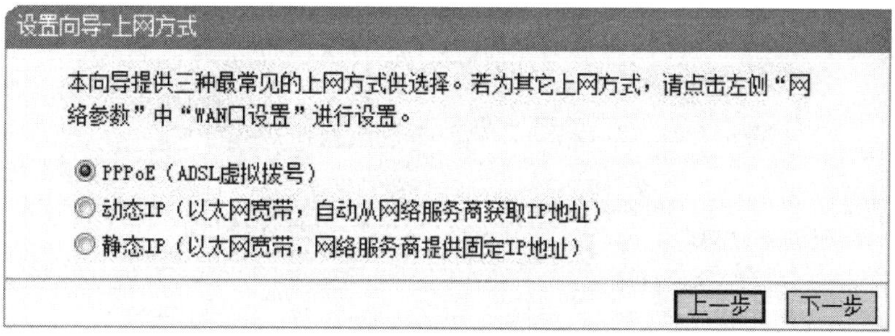

图 6-16　上网方式选择界面

④在弹出的窗口中输入用户名和密码，然后单击"下一步"按钮，如图 6-17 所示。

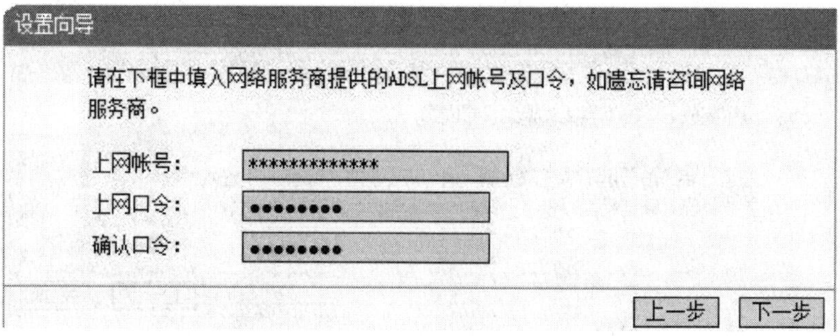

图 6-17　输入 ADSL 用户名和密码

小提示

如果是办公室使用，在图 6-16 中选择"静态 IP"单选按钮，弹出如图 6-18 所示的对话框。然后，根据本地上网 IP 地址填写静态 IP 地址表。

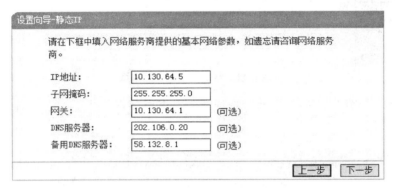

图 6-18　静态 IP 设置界面

⑤设置无线网的显示名称和登录密码，如图 6-19 所示。必须要设置登录密码，以防止其他用户"蹭网"。单击"下一步"按钮，完成设置向导配置，然后单击"完成"按钮，如图 6-20 所示。

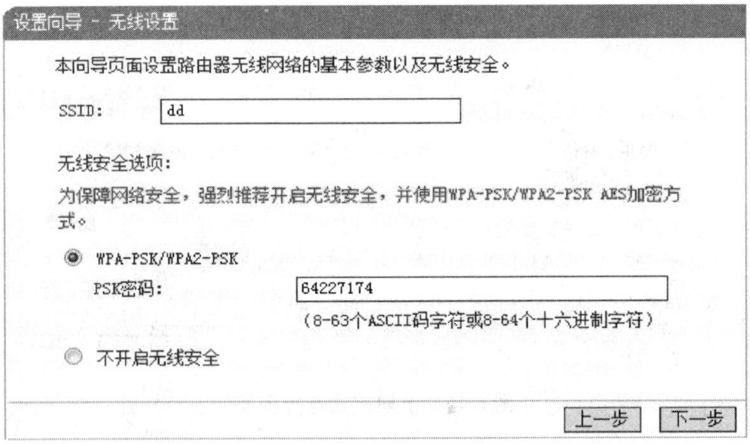

图 6-19　"无线设置"界面

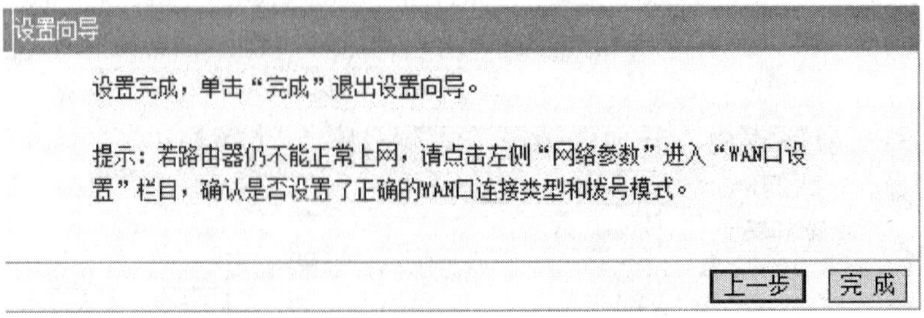

图 6-20　设置向导完成界面

⑥搜索设置好的无线网络并进行连接，如图 6-21 和图 6-22 所示。

图 6-21 搜索无线信号　　　　　图 6-22 连接无线网络

6.3.3 相关知识

1. ADSL 技术

ADSL 是 DSL（数字用户环路）家族中最常用、最成熟的技术，它是英文 A-symmetrical Digital Subscriber Loop（非对称数字用户环路）的缩写。它是运行在原有普通电话线上的一种新的高速、宽带技术。所谓非对称，主要体现在上行速率（最高 640Kbps）和下行速率（最高 8Mbps）的非对称性上。速率高是 ADSL 的最大特点，因此一些只有在高速率下才能实现的网络应用在 ADSL 看来显得绰绰有余。同时，由于 ADSL 有较高的带宽及安全性，它还是局域网互联远程访问的理想选择。

安装 ADSL 时，只需在原有的电话线上加载一个复用设备，用户不必再增加电话线。但 ADSL 占用 PSTN（公共交换电话网络）线路资源和宽带网络资源。

2. 小区宽带上网

小区宽带是大中城市目前较普及的一种宽带接入方式，网络服务商采用光纤接入到楼，再通过网线接入用户家。小区宽带一般为居民提供的带宽是 10Mbps，比 ADSL 的 512Kbps 高出不少，但小区宽带采用的是共享宽带，即所有用户公用一个出口，所以在上网高峰时间，小区宽带会比 ADSL 更慢。

目前国内有多家公司提供此类宽带接入方式，如长城宽带、歌华有线等。这种宽带接入通常由小区出面申请安装，网络服务商不受理个人服务。用户可询问所居住小区的物业管理部门或直接询问当地网络服务商是否已开通本小区宽带。这种接入方式对用户设备要求低，只需一台带 10/100Mbps 自适应网卡的计算机。

目前，绝大多数小区宽带均为10Mbps共享带宽，这意味如果在同一时间上网的用户较多，网速较慢。即便如此，多数情况的平均下载速度仍远远高于电信ADSL，达到了几百Kbps，在速度方面占有较大优势。

6.4 案例2——漫游Internet

6.4.1 案例及分析

1. 案例

启动IE 9浏览器，访问综合性门户搜狐网站（http：//www.sohu.com），并将其设置为主页；查看旅游频道的相关内容，并将旅游频道添加到收藏夹；利用百度搜索引擎查找有关"北京秋天景色"的图片，并将任意一张图片保存到"图片"文件夹。

2. 案例分析

熟练掌握IE浏览器的使用和信息搜索的操作。

6.4.2 操作步骤

1. 打开搜狐网站并设置为首页

①在Windows 7的桌面上双击IE 9浏览器图标启动IE浏览器，然后在地址栏中输入"www.sohu.com"进入搜狐主页，如图6-23所示。

图6-23 搜狐主页

②单击工具按钮，然后选择"Internet选项"命令，弹出"Internet选项"对话框。选择"常规"选项卡，如图6-24所示。

③单击"使用当前页"按钮，再单击"确定"按钮。

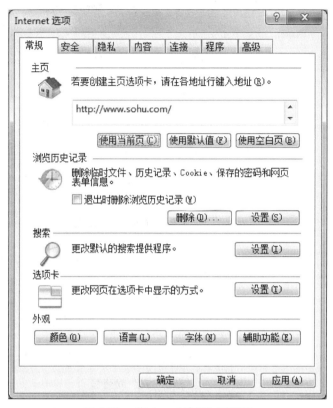

图 6-24　"Internet 选项"对话框

2. 将旅游频道添加到收藏夹

①单击搜狐主页上导航中的"旅游"频道，进入旅游频道，如图 6-25 所示。

图 6-25　旅游频道页面

②单击 ☆ 按钮，在下拉菜单中单击 添加到收藏夹 ▼按钮的向下箭头，在其下拉菜单中选择"添加到收藏夹"命令，如图 6-26 所示。在弹出的对话框中输入网址名称，并将其保存到收藏夹中，如图 6-27 所示。

6-26 "添加到收藏夹"下拉菜单

图 6-27 "添加收藏"对话框

3. 利用百度搜索引擎搜索图片

①打开 IE 浏览器，输入网址"http：//www.baidu.com"，进入百度首页。选择"图片"链接，在搜索框中输入"北京秋天景色"，如图 6-28 所示。

图 6-28 搜索图片界面

小提示

单击窗口左边的"筛选"标签，弹出筛选栏，如图 6-29 所示。用户可根据需求搜索图片。

②单击要下载的图片，打开图片窗口，然后右击图片，在弹出的快捷菜单中选择"图片另存为"命令，弹出"保存图片"对话框。选择保存位置和文件名后，单击"保存"按钮，如图 6-30 所示。

图 6-29　筛选栏

图 6-30　"保存图片"对话框

6.4.3 相关知识

1. IE 9 功能介绍

（1）保存网页

在最新版 IE 9 中，开发人员特意为用户加入了 Windows 中的标志性快捷键 Ctrl＋S。在网页的任意位置，只要按快捷键 Ctrl＋S，就可以保存网页。

（2）为 IE 9 设置"九宫格"

Opera 浏览器首次推出"九宫格（Speed Dial）"，在新版 IE 9 中有一个类似于"九宫格"的"您最常使用的网站"，列出浏览器自动记录的网页访问列表，如图 6-31 所示。可将它设为 IE 9 的起始页，方法是：打开 Internet 选项，在"常规"标签中将"主页"修改为"about：tabs"。

图 6-31　IE 9 "九宫格"

（3）历史记录浏览

IE 9 中原先用于调出历史记录的"小箭头"消失了，如果需要查看历史记录，则将鼠标按在"回退（或前进）"按钮上 1 秒以上，可以激活历史菜单。除此之外，在按钮上右击，或者用鼠标向下拖曳按钮，可以达到类似效果，如图 6-32 所示。

图 6-32　历史记录

2. 搜索引擎介绍

（1）百度（http：//www. baidu. com）

　　该搜索引擎主要提供关键字搜索、图片搜索、资讯搜索、贴吧搜索、MP3 搜索等模块，如图 6-33 所示。

图 6-33　百度搜索页面

　　百度的产品主要有以下四类（见图 6-34）：

　　①网页搜索：作为全球最大的中文搜索引擎公司，百度一直致力于让网民更便捷地获取信息，找到所求。用户通过百度主页，可以瞬间找到相关的搜索结果，这些结果来自于百度超过百亿的中文网页数据库。

　　②垂直搜索：秉承"用户体验至上"的理念，除网页搜索外，百度还提供 MP3、图片、视频、地图等多样化的搜索服务，给用户提供更加完善的搜索体验，满足多样化的搜索需求。

　　③社区产品：信息获取的最快捷方式是人与人直接交流，百度"贴吧"、"知道"、"百科"、"空间"等都是围绕关键词服务的社区化产品，"百度 Hi"更是将百度所有社区产品进行了串连，为人们提供一个表达和交流思想的自由网络空间。

　　④电子商务：2008 年 10 月，百度旗下电子商务交易平台正式上线，基于百度独有的搜索技术和强大社区资源，"百度有啊"突破性实现了网络交易和网络社区的无缝结合，为庞大的中国互联网电子商务用户提供更贴心、更诚信的专属服务。

图 6-34　百度产品页面

小提示

专业文档搜索的方法

很多有价值的资料在互联网上并非是普通的网页，而是以 Word、PowerPoint、PDF 等格式存在。百度支持对 Office 文档（包括 Word、Excel、PowerPoint）、Adobe PDF 文档、RTF 文档的全文搜索。搜索这类文档的方法很简单，在普通的查询词后面加一个"filetype："文档类型限定即可。"Filetype："后可以跟 DOC、XLS、PPT、PDF、RTF、ALL 文件格式。其中，ALL 表示搜索所有这些文件类型。例如，要查找"张五常关于交易费用方面的经济学论文"，输入"交易费用 张五常 filetype：doc"，然后单击结果标题，即可直接下载该文档；也可以单击标题后的"HTML 版"快速查看该文档的网页格式内容。用户可以通过百度文档搜索界面（http：//file.baidu.com/）直接使用专业文档搜索功能。

（2）Google（http：//www.google.com.hk）

Google 是全球最大并且最受欢迎的搜索引擎，提供的主要搜索服务有：网页搜索、图片搜索、视频搜索、地图搜索、新闻搜索、购物搜索、博客搜索、论坛搜索、学术搜索及财经搜索。

6.4.4　上机实训

实训 1

1. 实训目的

熟练掌握 IE 浏览器的各项功能。

2. 实训内容

在浏览过程中，尝试使用 IE 浏览器提供的各项功能。

实训 2

1. 实训目的

熟练掌握各类搜索引擎的特点。

2. 实训内容

上网分别用介绍过的搜索引擎搜索感兴趣的话题，然后比较其特点。

6.5　案例 3——电子邮件的使用

6.5.1　案例及分析

1. 案例

申请一个电子邮箱，然后给朋友发封信。

2. 案例分析

学会注册、申请邮箱，掌握收、发邮件的操作。

6.5.2　操作步骤

1. 申请邮箱

输入 "http：//www.126.com"，然后单击进入电子邮件申请主页，如图 6-35 所示。

图 6-35　126 邮箱首页

单击 "注册" 按钮，出现注册新用户的页面。按照提示输入邮箱名，如图 6-36 所示。

图 6-36　注册新用户的页面

输入用户名后，系统会检查该用户名是否已被使用；再设置密码。在输入密码时，系统会从安全性角度给出提示，分为弱、中、强三个档次，"强" 档表示密码最安全。这种密码一般都是数字、字母和特殊符号的组合。

按系统的提示填写注册信息（注意，标有 * 号的地方是必须要填写的）后，单击
"立即注册"按钮，出现如图 6-37 所示的注册成功窗口。这时，系统提示新邮箱建好，
可以使用了。

图 6-37　邮箱申请成功页面

2. 登录邮箱发送邮件

注册好邮箱地址后，就可以通过它来发送邮件了。首先登录到用户自己的邮箱，
通常新邮箱中会收到系统发来的欢迎邮件，查看信件内容只需单击邮件主题即可，如
图 6-38 所示。

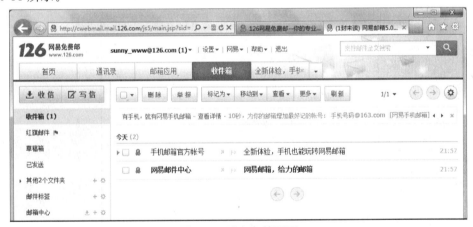

图 6-38　进入邮箱页面

3. 写邮件

写邮件的时候，单击"写信"按钮，进入邮件编辑状态，然后依次填入"收件
人"、"主题"和"正文"。如果要添加附件，则单击"添加附件"按钮，然后选择要发
送的文件，最大可发送 2GB 的附件。最后，单击"发送"按钮，如图 6-39 所示。正确
发送邮件后，系统会提示邮件发送成功的信息。

图 6-39　写信页面

 小提示

网易邮箱提供了网易手机邮箱（手机号码邮箱）的特色服务，即以手机号码作为用户名的邮箱账号，例如"13801231234@163.com"。它支持中国大陆全品牌手机号码，覆盖中国移动、中国联通和中国电信旗下所有手机号段（不包含小灵通）。

手机邮箱（手机号码邮箱）的特色功能包括：第一，获得最好记的邮箱账号。手机号码就是邮箱用户名，方便好记，不容易出错。对方无需纸笔，也能准确地记住。第二，绑定常用账号，提供"一箱双号"个性化服务。绑定后，两个账号都能登录和收发邮件。

6.5.3　相关知识

1. 电子邮件

电子邮件又称 E-mail，它是英文 Electronic mail 的简写，是利用计算机网络进行信息传输的一种现代化通信方式。E-mail 与传统邮件相比具有速度快、价格低，可同时传送文本、图像、声音、动画等多种信息的特点。

2. 电子邮件地址的格式

电子邮件地址的格式为"用户名@邮件服务器地址"，其第一部分是用户名，它在同一个邮件服务器中是唯一的，以便服务器能够正确地将邮件发送到每个收件人的手中；第二部分"@"是分隔符；第三部分是用户信箱的邮件接收服务器域名，用以标志邮箱所在的位置。

3. 垃圾邮件的危害和防范措施

（1）"垃圾邮件"的属性

➢ 收件人无法拒收的电子邮件。

➢ 收件人事先没有提出要求或者同意接收的广告、电子刊物以及各种形式的宣传品等具有宣传性质的电子邮件。

➢ 含有病毒、恶意代码、色情、反动等不良信息或有害信息的邮件。

> 隐藏发件人身份、地址、标题等信息的电子邮件。
> 含有虚假的信息源、发件人、路由等信息的电子邮件。

（2）垃圾邮件的危害

> 占用网络带宽，造成邮件服务器拥塞，降低整个网络的运行效率。
> 侵犯收件人的隐私权，侵占收件人信箱空间，耗费收件人的时间、精力和金钱。
> 易被黑客利用，成为攻击工具。
> 传播色情等内容，对社会造成危害。

（3）垃圾邮件的防范技巧

> 不要响应不请自来的电子邮件或者垃圾邮件，绝对不要回复垃圾邮件。
> 不要试图点击垃圾邮件中的任何链接。
> 不要把用户自己的邮件地址在因特网页面上到处登记。
> 保管好自己的邮件地址，不要把它告诉给不信任的人。
> 不订阅不健康的电子杂志，以防止自己的邮箱地址被垃圾邮件收集者收集。
> 用专门的邮箱进行私人通信，而用其他邮箱订阅电子杂志。

6.5.4　上机实训

1. 实训目的

熟练掌握收、发邮件的操作。

2. 实训内容

在网上申请一个邮箱，然后带附件发送邮件，并给朋友发送电子贺卡。

6.6　常见的网络应用

本节介绍网上购物和微博两个比较流行的网络应用。

6.6.1　网上购物

1. 案例

在淘宝网上申请一个账户，然后开通支付宝，学会购买物品。

2. 操作步骤

网上购物是指通过网络购买商品，是近年来很流行的一种新型购物方式。与传统的购物方式相比，网络购物更省时、省力和省钱。人们足不出户即可从众多的商家处了解商品的报价和质量，从而挑选出极具性价比的产品。

网络购物的流程如下：

①注册成为网站的用户。

②在网站挑选商品，并将之放置在虚拟的购物车内。

③下单，然后填写收货地址等信息，最后完成网上支付货款（一些网上超市、网上商场也支持货到付款）。

④等候快递件公司将货物送到家中。

下面以在淘宝网购物为例，介绍网上购物的一般流程。在淘宝网买东西需要具备两个条件：一是淘宝网的账号；二是支付宝账号。现在很多商家也支持多种付款方式，如网银、信用卡等。

（1）注册成为淘宝网会员

具体操作步骤如下：

①在浏览器地址栏输入"http：//www.taobao.com"。进入淘宝网首页。单击"免费注册"按钮，如图 6-40 所示。

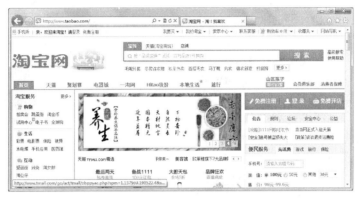

图 6-40 淘宝网首页

②输入账户名和密码，然后单击"同意协议并注册"按钮，如图 6-41 所示。

图 6-41 填写账户信息

③输入用户手机号，然后单击"提交"按钮，如图 6-42 所示。

图 6-42 验证账户信息

④此时，注册手机会收到验证码。在如图 6-43 所示的窗口中输入验证码后，单击"验证"按钮，用户注册成功，如图 6-44 所示。

图 6-43　填写验证码

图 6-44　注册成功

（2）激活支付宝

支付宝是一个第三方支付平台，简单地说，就是网上购物时，在买家和卖家之间做个中间认证。如果买家拍下某件商品，并不直接将货款交给卖家，而是先付款到支付宝；等买家收到商品后，再通知支付宝付款给卖家，以此增强交易的安全性。对于尝试网上购物的中老年朋友，建议选择支持支付宝的商品。

在注册淘宝网会员时，同时也注册了支付宝账户。在使用之前，需要激活这个支付账户。

①在淘宝网首页单击"登录"按钮，进入如图 6-45 所示的会员登录页面。选择"支付宝会员"选项卡，然后单击"账户激活"命令，出现如图 6-46 所示的激活窗口。

图 6-45　支付宝会员登录页面

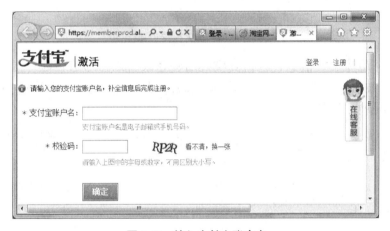

图 6-46　输入支付宝账户名

②输入支付宝账户名和校验码后，单击"确定"按钮，出现如图 6-47 所示窗口。输入发送到手机的校验码，然后单击"确定"按钮，出现如图 6-48 所示的填写账户信息窗口。

图 6-47　校验账户名

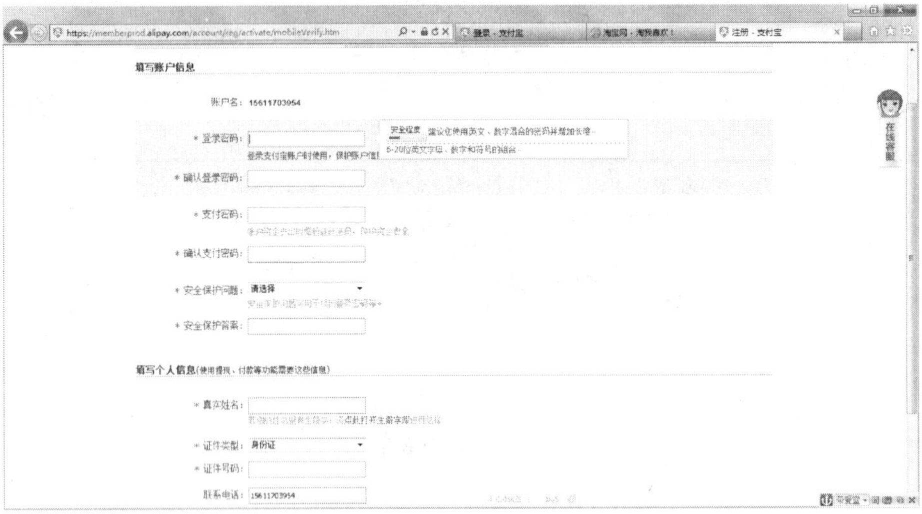

图 6-48　输入账户信息

③按要求填写账户信息，包括真实姓名、登录密码、邮箱和证件等，最后单击"提交注册"按钮。出现如图 6-49 所示的页面时，表明支付宝账户已激活，可以用来购物或进行其他网上消费了。

图 6-49　支付宝注册成功

（3）付款购买商品

在淘宝网购物的整个交易过程分为两个阶段。第一阶段，买家发现感兴趣的商品，然后通过淘宝旺旺（一款聊天通信软件）向卖家进一步了解商品质量、发货时间或费用等情况；决定购买后，进入第二阶段并通过支付宝完成交易，然后卖家通过快递公司发货给买家。交易流程如图 6-50 所示。

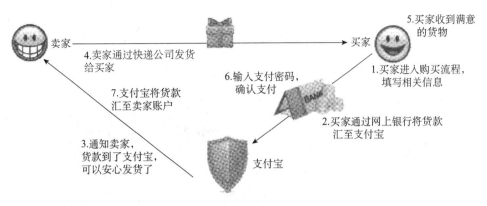

图 6-50　淘宝网交易流程

在下面的实例中，将介绍在淘宝网上支付及购买商品的方法。

用注册好的用户名和密码登录淘宝网，然后在"宝贝"下方输入查找的商品名称，如"味多美卡"，然后单击"搜索"按钮。在搜索结果中选择一家合适的店铺，用鼠标单击打开新页面。在页面中仔细查看商品的图片、介绍及相关费用。如果对此商品满意，单击"立刻购买"按钮，也可单击"放入购物车"按钮，以便多种商品一起付款。

填写收货地址、收货人和联系电话等信息，然后输入购买的数量并选择运送方式；最后，单击页面正文的"确认无误，购买"按钮。至此，选购商品的过程已经完成，剩下的就是付款环节了。选择支付方式，进行支付，如图 6-51 所示。

图 6-51　网上支付

6.6.2　微博的使用

1. 案例

在新浪微博网（http：//www.weibo.com）上注册一个用户名，建立自己的微博，掌握微博的各种功能。

2. 操作步骤

①登录到新浪微博网站（http：//www.weibo.com），然后单击"立即注册微博"按钮，如图 6-52 所示。

图 6-52　新浪微博网

②在注册用户窗口按照提示选择"个人注册"，再依次输入"手机号码"或者"邮箱"、"设置密码"、"昵称"、"姓名"、"身份证"等信息，输入后单击"立即注册"按钮，如图 6-53 所示。

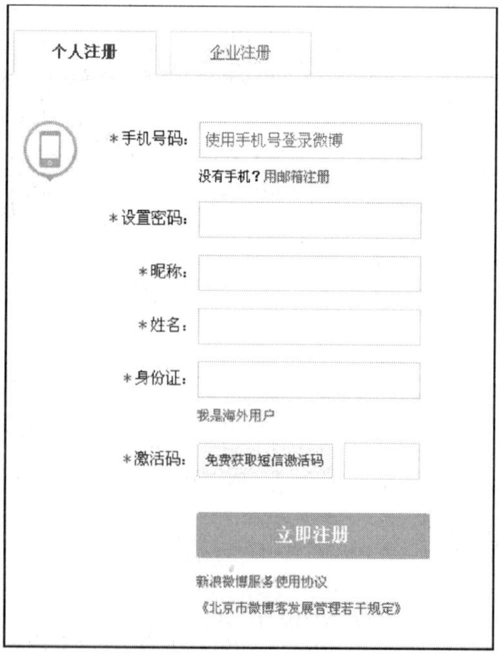

图 6-53　注册用户窗口

小提示

关于"接受协议"的问题

用户在浏览网站或者注册某些服务的时候，都会看到服务商提供的一份协议，要求先阅读再决定是否接受协议。这个时候，有些用户不愿意耽误时间去读一些看似千篇一律或似懂非懂的条文，而直接单击"接受"。然而，单击看似轻松，事后一旦出现问题，责任就只能自己承担了。

所以，建议用户不要怕耽误时间，仔细地读一读协议内容。一方面，可以了解自己的权利和义务；另一方面，可以学习很多东西，绝对是有百利而无一弊的事情。

③注册成功后，系统会发一个确认页面，激活邮件，完成最后的注册，如图 6-54 所示。

④进入邮箱后，单击"微博"并确认邮件中的链接地址，即完成激活，如图 6-55 所示。

⑤激活注册后，根据系统提示填写个人信息，如图 6-56 所示。

图 6-54　注册界面

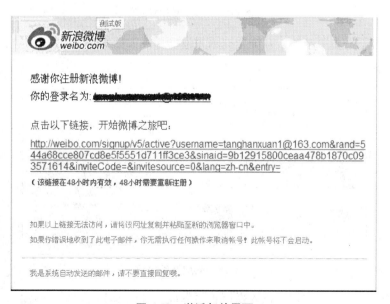

图 6-55　激活邮件界面

图 6-56　填写个人信息界面

⑥单击"下一步"按钮，根据用户填写的个人信息，系统会自动推荐好友。如果在推荐栏中有认识的人，单击"关注"按钮，如图 6-57 所示。

图 6-57　朋友推荐界面

⑦单击"下一步"按钮，系统会提示兴趣推荐，如图 6-58 所示。

图 6-58　兴趣推荐界面

⑧单击"下一步"按钮，进入微博首页界面，如图 6-59 所示。

图 6-59　微博首页界面

⑨注册完成后，可以实践微博的发布消息功能。在"新鲜事发布框"中写入一句话，然后单击"发布"按钮，将新鲜事信息发布出去，如图 6-60 所示。

图 6-60　发布新鲜事界面

微博内容区是用户自己和关注的人发布微博的显示区，如图 6-61 所示。

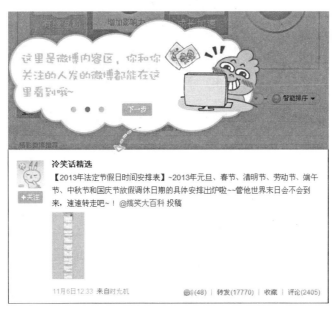

图 6-61　微博内容区界面

人员关注区是微博关注人员的显示区域，如图 6-62 所示。

图 6-62　人员关注区

"查看"按钮包括"查看评论"、"查看粉丝"、"查看私信"等，如图 6-63 所示。

图 6-63　"查看"菜单界面

⑩搜索感兴趣的人员并添加关注。在首页上方有搜索栏，可以在搜索栏内写入感兴趣的人或微博，如图 6-64 所示。输入关键词，然后按回车键，系统会自动检索出所有与关键词有关的人和微博，如图 6-65 所示。单击"加关注按钮，即可成功关注感兴趣的人，如图 6-66 所示。

图 6-64　搜索栏界面

图 6-65　搜索结果界面

图 6-66　加关注页面

⑪在新鲜事显示区，选择一条感兴趣的微博进行转发。单击"转发"按钮，输入转发的评论，如图 6-67 所示。要评论微博内容，单击"评论"按钮，然后在评论框内输入要写的内容，再按回车键即可，如图 6-68 所示。

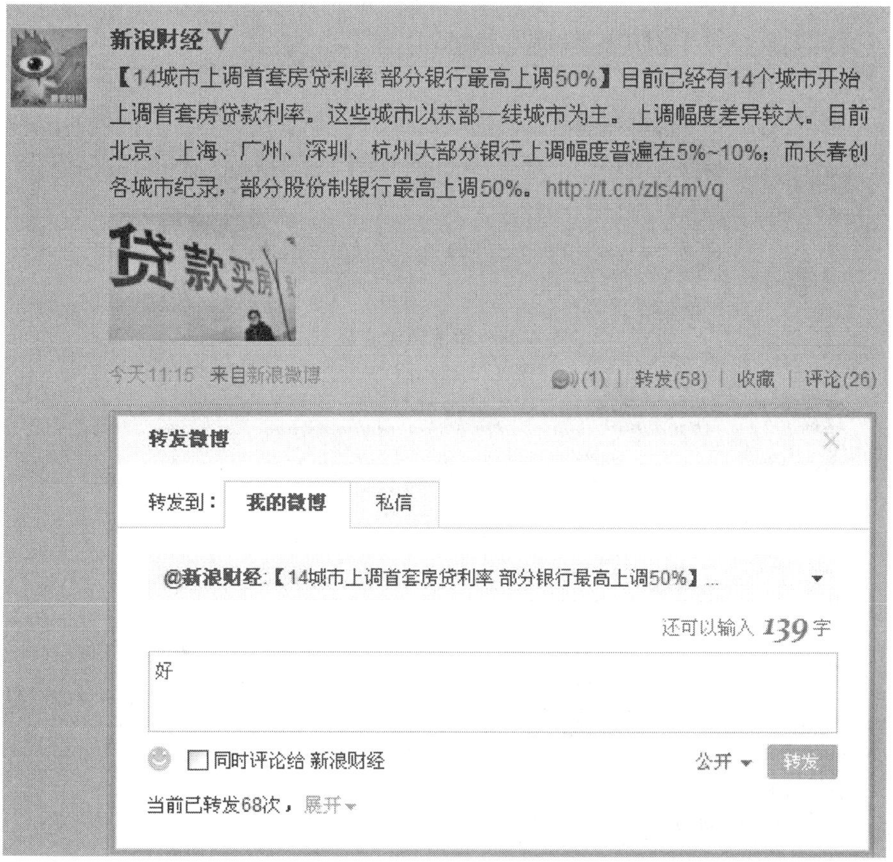

新浪财经 V
【14城市上调首套房贷利率 部分银行最高上调50%】目前已经有14个城市开始上调首套房贷款利率。这些城市以东部一线城市为主。上调幅度差异较大。目前北京、上海、广州、深圳、杭州大部分银行上调幅度普遍在5%~10%；而长春创各城市纪录，部分股份制银行最高上调50%。http://t.cn/zls4mVq

今天11:15 来自新浪微博　　　　　　　　　　(1) | 转发(58) | 收藏 | 评论(26)

转发微博　　　　　　　　　　　　　　　　×

转发到： **我的微博**　　私信

@新浪财经【14城市上调首套房贷利率 部分银行最高上调50%】...　　▼

还可以输入 *139* 字

好

☺ ☐同时评论给 新浪财经　　　　　　　　公开 ▾ 转发

当前已转发68次，展开▾

图 6-67　转发微博界面

⑫单击首页上方的"设置"按钮，然后在左侧选项栏中选择"隐私设置"。根据页面提示及实际情况更改设置，如图 6-69 所示。

图 6-68 微博评论界面

图 6-69 隐私设置界面

6.6.3 相关知识

1. 什么是微博

微博，即微博客（MicroBlog）的简称，是一个基于用户关系的信息分享、传播以及获取平台，用户可以通过 Web、WAP 以及各种客户端组建个人社区，以 140 字左右的文字更新信息，并实现即时分享。最早也是最著名的微博是美国的 Twitter。

2. 什么是微信

微信是腾讯公司于 2011 年 1 月 21 日推出的一款通过网络快速发送语音短信、视频、图片和文字，支持多人群聊的手机聊天软件。用户可以通过微信与好友进行形式上更加丰富的类似于短信、彩信等方式的联系。与传统的短信沟通方式相比，微信具有零资费、跨平台沟通、显示实时输入状态等功能，也更灵活、智能，且节省资费。

微信是私密空间内的闭环交流，而微博是开放的扩散传播。一个向内，一个向外；一个私密，一个公开；一个注重交流，一个注重传播。

3. 博客（Blog）的特点

①Blog 是一种网络交流方式。通过它可以便捷地发布自己的信息，并且不需要掌握任何繁琐、复杂的技术，也不需要非得了解艰涩难懂的程序代码，用户要做的可能简单到只需要输入自己想发布的文字而已。

②Blog 将公共性和私人性很好地结合起来。用户在 Blog 上发布的言论，会得到持相同观点者的支持，也有可能得到持相反观点者的反驳；同时，用户可以参与其他 Blog 的评论，认识更多的朋友。

当然，用户有权决定是否公开自己的信息，以及是否对别人的询问做出回答等。

③每个人都是与众不同的，为了将自己的个性尽情地展示出来，Blog 提供了非常方便、实用的个性化功能。通过 Blog 提供的模板更换功能，用户可以很方便地选择自己喜欢的模板，给自己的 Blog 换上中意的"服装"；同时，可以很自由地编辑自己的 Blog 言论，张贴满意的图片、相片，甚至可以将声音、视频等多种信息慷慨地与大家分享。当然，前提是不能违反国家的法律、法规。

6.6.4　上机实训

实训 1

1. 实训目的

利用 MSN 进行实时交流。

2. 实训内容

下载并安装 MSN 软件进行学习和使用。

实训 2

1. 实训目的

熟悉博客建立和使用的程序。

2. 实训内容

申请并创建自己的博客站点，然后邀请朋友来点击访问。

第7章 常用工具软件

> **目标**：掌握 360 安全卫士软件、Nero 刻录软件、迅雷下载软件、光影魔术手和会声会影软件的基本操作。
>
> **重点**：熟悉各软件的运行环境，掌握各软件的基本功能。

7.1 360 安全卫士软件

360 安全卫士是当前功能强、效果好、受用户欢迎的上网必备安全软件。360 安全卫士拥有木马查杀、恶意软件清理、漏洞补丁修复、计算机全面体检等多种功能。目前，木马威胁之大已远超病毒，360 安全卫士运用云安全技术，在杀木马、防盗号、保护网银和游戏的账号密码安全、防止"计算机变肉鸡"等方面表现出色，被誉为"防范木马的第一选择"。

此外，360 安全卫士自身非常轻巧，同时具备开机加速、垃圾清理等多种优化功能，可以大大加快计算机运行速度。

用户可以从网站 http：//www.360.cn 下载 360 安全卫士软件。

7.1.1 案例 1——查杀病毒

1. 案例

运行 360 安全卫士的病毒查杀功能。

2. 操作步骤

①启动 360 安全卫士软件，然后单击"木马查杀"选项，打开如图 7-1 所示界面。

②单击"快速扫描"按钮，对计算机进行病毒查杀，如发现木马，按照软件提示进行操作，如图 7-2 所示。

3. 相关知识

定期进行木马查杀可以有效保护系统账户安全。

每天不定时地进行快速扫描，只需几十秒，迅速又安全；检测到系统危险时会有提示进行全盘扫描。快速扫描和全盘扫描无须设置，单击后自动开始。

7.1.2 案例 2——清理系统垃圾

360 安全卫士具有清理系统垃圾的功能，该功能可以释放被占用的空间，让系统运行更流畅。

图 7-1　360 安全卫士木马查杀界面

图 7-2　木马查杀结果界面

1. 案例

运行 360 安全卫士的清理垃圾功能。

2. 操作步骤

①启动 360 安全卫士软件，然后单击"电脑清理"按钮，如图 7-3 所示。

图 7-3 电脑清理界面

②单击"一键清理"按钮，可以立即检查出系统中存在的垃圾文件、不必要的插件和上网痕迹等，如图 7-4 所示。

图 7-4 清理完成界面

7.1.3 案例 3——实时保护

开启"360 实时保护"后，将在第一时间保护系统安全，及时地阻击恶意插件和木马的入侵。

1. 案例

开启 360 安全卫士实时保护功能。

2. 操作步骤

① 启动 360 安全卫士软件，然后单击"实时防护"按钮，如图 7-5 所示。

图 7-5　实时防护窗口

②进入实时防护窗口界面，然后根据软件的提示，选择开启防护项目。如图 7-6 所示。

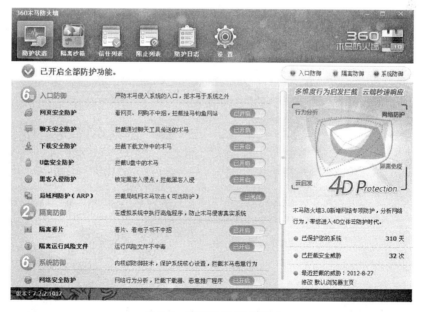

图 7-6　实时防护开启界面

7.1.4 案例 4——常规修复

1. 案例

运行 360 安全卫士常规修复功能。

360 安全卫士常规修复功能可以清除本地计算机中的垃圾插件，提高计算机安全程度。

2. 操作步骤

① 启动 360 安全卫士软件，然后单击"系统修复"按钮，如图 7-7 所示。

图 7-7 系统修复界面

② 单击"常规修复"按钮，然后根据软件提示选择修复的项目，如图 7-8 所示。

图 7-8 常规修复界面

7.1.5　案例 5——防止无线蹭网

1. 案例

360 安全卫士无线防蹭网功能可以禁止非本机外的移动设备接入本地无线网，达到防止外来移动设备占用本地无线网的现象。

2. 操作步骤

①打开 360 安全卫士软件，然后单击"功能大全"按钮，如图 7-9 所示。

图 7-9　功能大全窗口

②在窗口中单击"流量防火墙"，进入"360 流量防火墙"窗口，然后单击"防蹭网"按钮，如图 7-10 所示。

图 7-10　防蹭网窗口

③单击"立即启用"按钮，就会自动搜索当前的无线网络。检测完成后，可以看到无线网络中有多少连接，如图 7-11 所示。

图 7-11　检测接入设备窗口

④根据检查后的提示决定是否修改密码。

7.1.6　案例6——系统防黑加固

系统防黑加固是扫描、检测经常被黑客利用的安全弱点，包括 Telnet 服务、远程连接服务、远程注册表服务、MSSQL 数据库密码、MySQL 数据库密码、隐藏的盘符共享等，提示用户方便、快速地加固薄弱项目，使计算机安全运行。

1. 案例

掌握 360 安全卫士系统防黑加固功能。

2. 实现步骤

①打开 360 安全卫士软件，然后单击"功能大全"按钮，查找"系统防黑加固"图标。若没有安装，则单击"添加小工具"按钮，如图 7-12 所示，添加所需功能。

图 7-12　"添加小工具"窗口

②添加成功后，运行系统的防黑加固功能，如图 7-13 所示。

图 7-13　系统防黑加固功能界面

③单击"立即检测"按钮开始检测系统，结果如图 7-14 所示。

图 7-14　系统检测结果界面

④根据加固建议进行设置。

7.1.7　上机实训

1．实训目的

能够使用 360 安全卫士软件对计算机进行体检，并且对发现的常规问题进行及时修复；能够对计算机系统进行病毒查杀、系统优化设置等操作。

2．实训内容

①使用 360 安全卫士软件对计算机进行木马查杀，并对查出的病毒进行及时

处理。

②使用360安全卫士软件的无线防蹭网功能，清除占用本地无线网络的非法用户。

③使用360安全卫士软件的清理插件功能，对发现的恶意插件进行"立即清理"，以提高系统运行速度。

④使用360安全卫士软件的系统防黑加固功能，防止黑客利用安全弱点攻击计算机系统，提高系统的安全性。

7.2　光影魔术手

光影魔术手是一个对数码照片画质进行改善及效果处理的软件，用户不需要任何专业的图像技术，就可以制作出专业胶片摄影的色彩效果。它是摄影作品后期处理、图片快速美容、数码照片冲印整理时必备的图像处理软件。

7.2.1　案例1——修改照片尺寸

1. 案例

运用光影魔术手修改照片尺寸。

2. 操作步骤

①启动光影魔术手软件，然后单击"打开"按钮，选取要修改的照片文件，如图7-15所示。

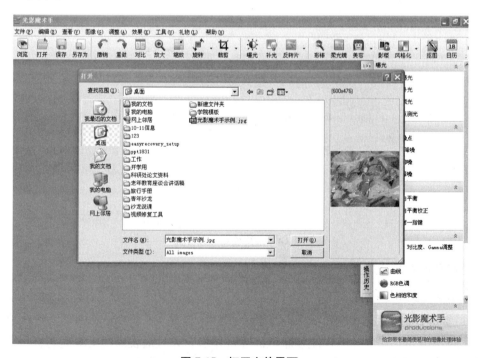

图7-15　打开文件界面

②单击"打开"按钮，导入图片，如图7-16所示。

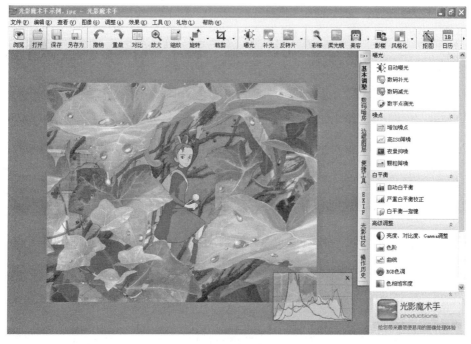

图 7-16　照片导入后界面

③单击"图像"按钮，然后选择"缩放"选项，软件会调出修改图片尺寸的选项框，如图 7-17 所示。

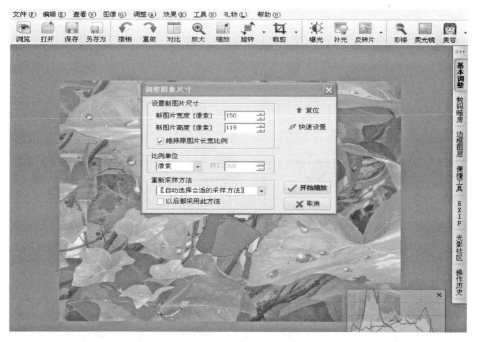

图 7-17　修改尺寸界面

④在选项框内输入想要修改的高度与宽度的数值，然后单击"开始缩放"按钮，

如图 7-18 所示。

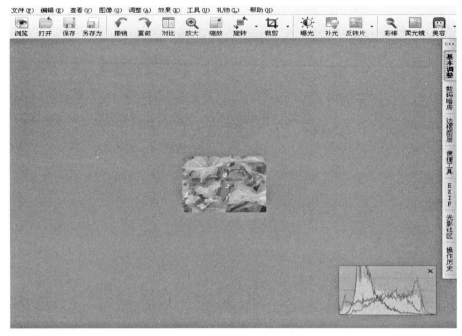

图 7-18　缩放后显示界面

⑤选择"文件"→"保存"命令，将弹出保存文件对话框，如图 7-19 所示。

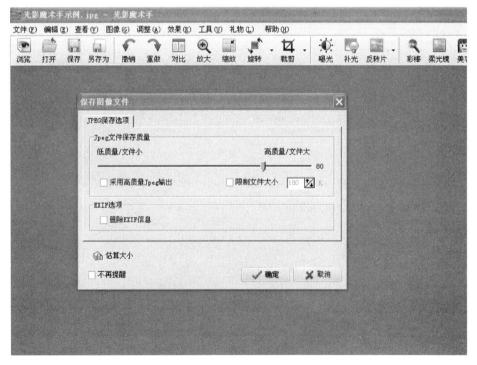

图 7-19　文件保存界面

⑥单击"确定"按钮,软件将自动生成刚才修改后保存的照片。

7.2.2　案例2——批量修改照片

批处理就是以同样的设置处理批量的照片。如果要在 BBS 上贴很多张漂亮的游记照片,就要用到这个方法。同样需要提醒的是,要先把需要修改的照片挑选出来,存放在另外一个目录中,这样对这个目录中的照片无论怎么改,都不会破坏原来的照片。

1. 案例

用光影魔术手批量修改照片。

2. 操作步骤

①启动光影魔术手软件,然后选择"文件"→"批处理"命令,将弹出"批量自动处理"对话框,如图 7-20 所示。

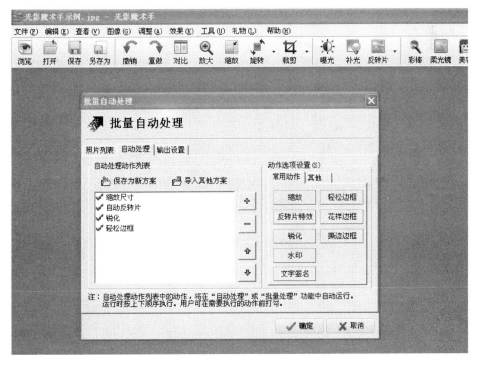

图 7-20　"批量自动处理"界面

②选择"照片列表"项,然后单击"增加"按钮,选取需要批量修改的照片,如图 7-21 所示。

③单击"打开"按钮,软件会自动提示之前所选择的图片,如图 7-22 所示。

图 7-21　选取照片界面

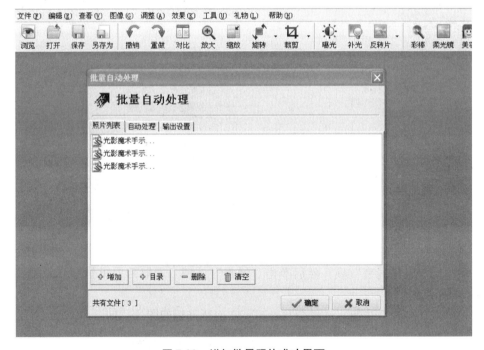

图 7-22　增加批量照片成功界面

④选择"自动处理"项，然后单击"缩放"按钮，弹出批量缩放设置对话框。根据实际需要修改像素值，然后单击"确定"按钮，如图 7-23 所示。

⑤单击"输出设置"选项卡，进行输出批量照片路径与名称设置，如图 7-24 所示。

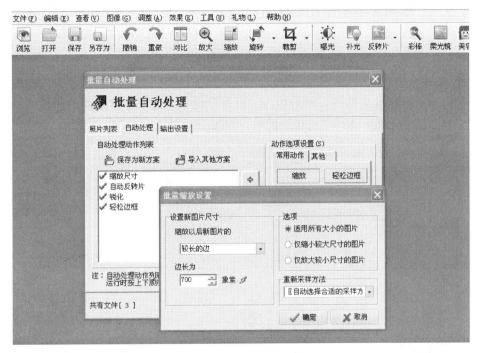

图 7-23　批量修改像素界面

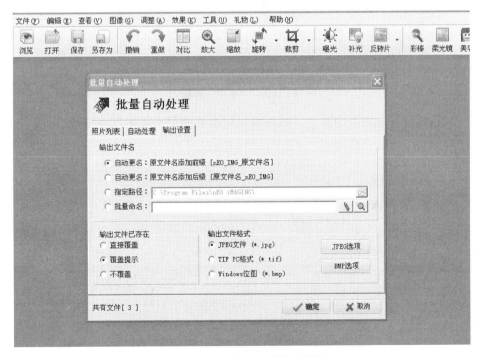

图 7-24　批量修改照片输出界面

⑥单击"确定"按钮，生成刚才批量修改的照片。

7.2.3 案例3——给图片加水印

1. 案例

用光影魔术手给图片加水印。

2. 操作步骤

①启动光影魔术手软件，然后单击"打开"选项，选取要加水印的照片文件。单击"工具"选项，然后选择"水印"控件，如图7-25所示。

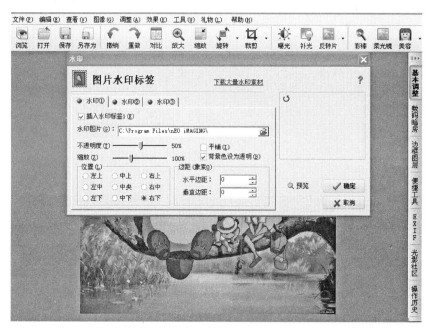

图7-25 "水印"界面

②选取需要加入的水印图片，再根据实际需要调节不透明度与缩放数值，如图7-26所示。

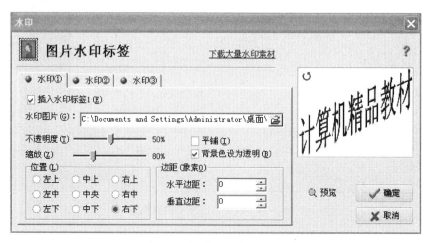

图7-26 "图片水印标签"界面

③单击"确定"按钮，生成效果图片，如图 7-27 所示。

图 7-27　加上水印的图片效果

④选择"文件"→"保存"命令，然后单击"确定"按钮，软件自动生成刚才修改后保存的图片。

7.2.4　案例 4——照片排版

运用光影魔术手可以很方便地进行证件照排版，在一张 5 寸或者 6 寸照片上排多张 1 寸或者 2 寸照，支持身份证大头照、护照照片排版；还可以进行 1 寸、2 寸混排，多人混排。一张 6 寸照片最多可以冲印 16 张 1 寸小照片。

1. 案例

用光影魔术手进行照片排版。

2. 操作步骤

①启动光影魔术手软件，然后单击"打开"选项，选取要排版的照片文件。选择菜单栏"工具"项，再单击"证件照片冲印排版"，如图 7-28 所示。

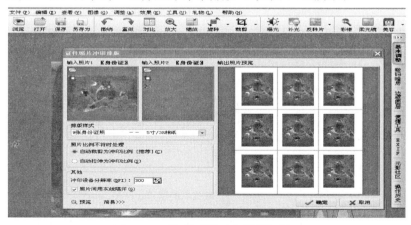

图 7-28　"证件照片冲印排版"界面

②选择排版样式，从下拉菜单中选择需要的样式，如图 7-29 所示。

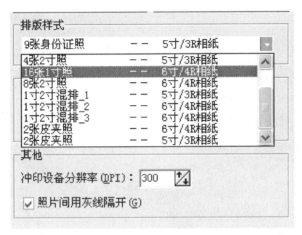

图 7-29　"排版样式"界面

③选择好排版样式后单击"确定"按钮，如图 7-30 所示。

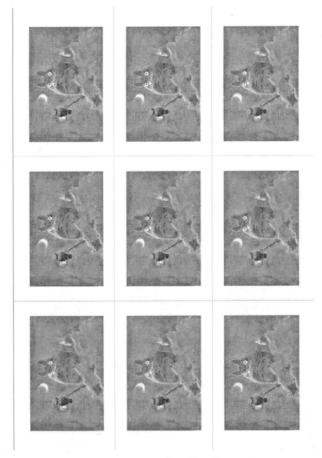

图 7-30　排版后的图片

④选择"文件"→"保存"命令，然后单击"确定"按钮，软件会自动生成刚才

排版后保存的图片。

7.2.5　案例5——图片数码补光

光影魔术手"数码补光"的作用是挽救照片中曝光不足的部位。例如，背光拍摄的人脸，或者天空下的阴影物体等。

1. 案例

如图 7-31 所示的图片，在天空曝光正常的情况下，柱子很暗，看不清楚。经过数码补光处理以后，柱子的细节全部表现出来，原来游船的底部暗的地方也变亮了，同时天空的曝光仍然保持得刚刚好，没有发生不自然的变化，如图 7-32 所示。

图 7-31　原图

图 7-32　数码补光图

2. 操作步骤

①启动光影魔术手软件，然后选择"打开"选项，选取要补光的照片文件。选择菜单栏"基本调整"→"数码补光"选项，如图 7-33 所示。

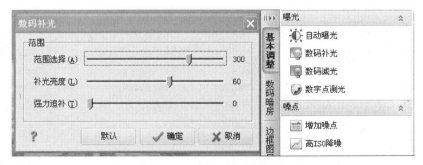

图 7-33　"数码补光"界面

②根据实际需要调节三种参数的数值，得到需要的补光效果。三种参数各自代表

的意义如下所述。

➤ 范围：范围主要是用来控制照片中需要补光的面积。这个数字越小，补光的面积就越小。这有一个好处，当它比较小的时候，不要影响画面中亮的部位的曝光。如图 7–31 中，范围为 0，天空的曝光就不会被影响，暗的地方仍旧可以得到补光。

➤ 亮度：确定好范围以后，提高亮度，就可以直接、有效地提高暗部的亮度。这个参数一般设置在 80 以下。如果太高，有些照片的对比度会受到影响。

➤ 追补：如果照片的欠曝情况比较严重，提高亮度以后，暗的地方还是很暗，效果不明显，就需要修改这个参数。提高追补参数值，可以有效地提高暗部的亮度。

数码补光是光影魔术手比较独特的功能，它好用、易用、值得一用。图 7–32 所示画面的参数设置如图 7-34 所示。

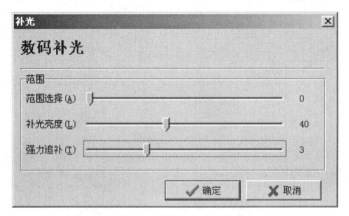

图 7-34 数码补光参数设置

7.2.6 案例6——制作黑白图片

1. 案例

用光影魔术手制作黑白图片。

2. 操作步骤

①启动光影魔术手软件，然后选择"打开"选项，选取要修改为黑白的照片文件。选择菜单栏"工具"→"IE 魔术图"→"黑白魔术图"命令，如图 7-35 所示；软件会自动生成修改图片的黑白图片对话框，如图 7-36 所示。

②单击"导出"按钮，并选择存储路径后，单击"保存"按钮，如图 7-37 所示。

7.2.7 上机实训

1. 实训目的

能够熟练使用光影魔术手软件，对图片完成修改尺寸、加水印、数码补光、照片排版等操作。

2. 实训内容

①使用光影魔术手软件对素材中 LX7-2-71.jpg 的图片修改尺寸，由原尺寸修改为 400×300 像素大小。

②使用光影魔术手软件对素材中 LX7-2-71.jpg 的图片增加"春意"字样的水印。

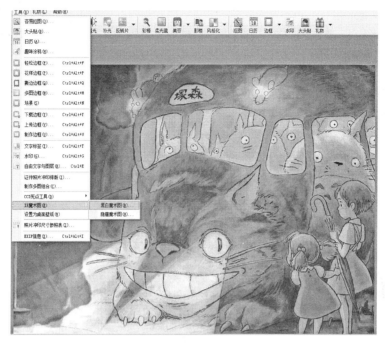

图 7-35　"黑白魔术图"界面

图 7-36　黑白效果图界面

③使用光影魔术手软件对素材中 LX7-2-72.jpg 的图片进行数码补光。

④将 LX7-2-73.jpg 的图片转换为黑白照片。

7.3　迅雷下载软件

迅雷软件使用的多资源超线程技术是基于网格原理，能够将网络上存在的服务器和计算机资源进行有效的整合，构成独特的迅雷网络。通过迅雷网络，各种数据文件能够以最快的速度进行传递。

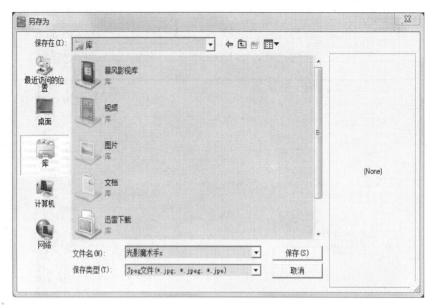

图 7-37　导出图片界面

7.3.1　案例 1——更改默认文件的存放目录

1. 案例

运行迅雷软件更改下载文件的存放目录。

2. 操作步骤

①启动迅雷软件，然后选择"配置中心"选项，打开如图 7-38 所示界面。

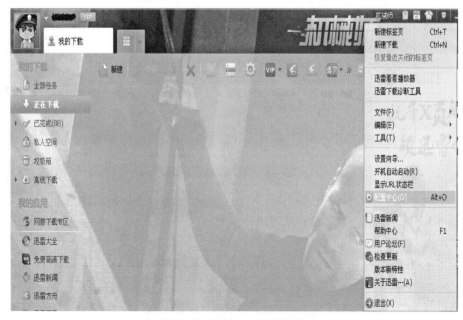

图 7-38　配置中心选项界面

②进入"配置中心"后，单击"我的下载"选项，如图 7-39 所示。

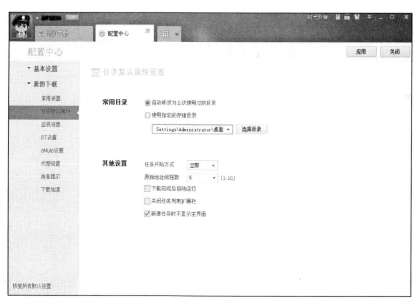

图 7-39　"我的下载"界面

③选择"任务默认属性"选项，然后单击"选择目录"按钮，再根据实际需求修改存储地址，如图 7-40 所示。

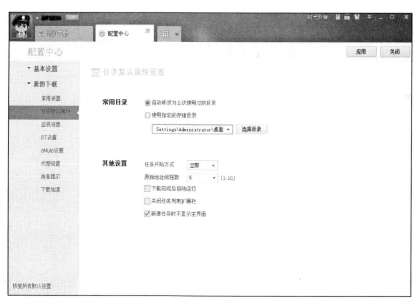

图 7-40　"任务默认属性"界面

7.3.2　案例 2——下载文件

1. 案例

运行迅雷软件，从互联网下载 mp3 文件。

2. 操作步骤

①启动迅雷软件，打开 mp3 网页，然后选择想要下载的歌曲，再单击"复制链接"

按钮，打开如图 7-41 所示界面。

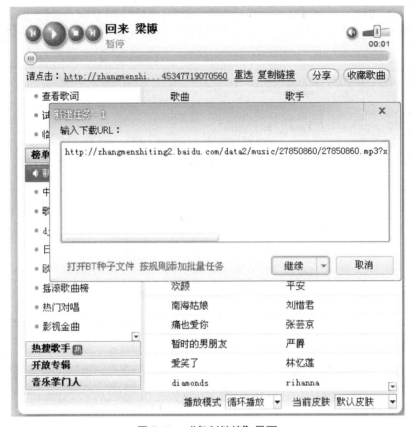

图 7-41 "复制链接"界面

②单击"继续"按钮，将弹出下载框。下载默认的存储地址是案例 1 中设置的地址，如图 7-42 所示。

图 7-42 "新建任务下载"界面

③单击"立即下载"按钮，软件会自动进行下载，直至任务完成，如图 7-43 所示。
④文件下载完成后，会自动在存储目录中生成。

7.3.3 案例 3——下载文件完成后自动关机

1. 案例

掌握迅雷软件的下载文件完成后自动关机功能。

图 7-43 下载界面

2. 操作步骤

①启动迅雷软件,然后选择"工具"选项,打开如图 7-44 所示界面。

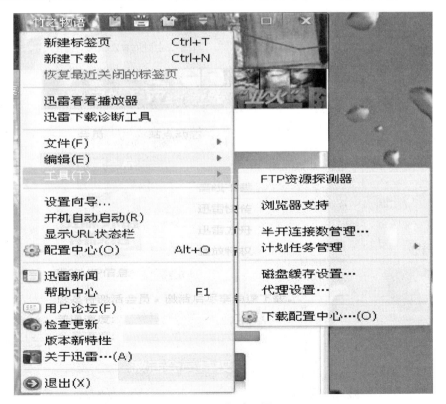

图 7-44 工具选项界面

②选择"计划任务管理"选项,如图 7-45 所示。

图 7-45　计划任务管理界面

③选择"下载完成后"→"关机"选项，如图 7-46 所示。

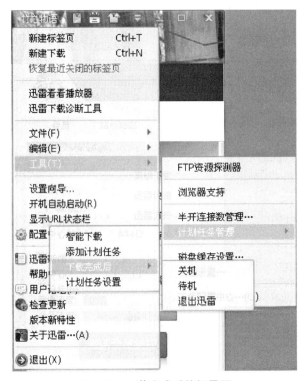

图 7-46　下载完成后关机界面

7.3.4　上机实训

1．实训目的

使用迅雷软件，在互联网下载需要的音频、视频文档等文件，并且掌握设置下载文件存储目录与下载文件完成后自动关机的功能。

2．实训内容

①使用迅雷软件，从互联网下载一首 mp3 歌曲文件。

②使用迅雷软件，将默认的文件存储地址更改为存储到"我的文档"。

③使用迅雷软件，设置文件下载完成后自动关机。

7.4　Nero 刻录软件

Nero 是一款非常出色的刻录软件，它支持数据光盘、音频光盘、视频光盘、启动光盘、硬盘备份以及混合模式光盘刻录；它操作简便，并提供多种可以定义的刻录选项，同时拥有经典的 Nero Burning ROM 界面和易用界面 Nero Express。

7.4.1　案例 1——制作数据光盘

1．案例

将数据刻录到 CD 盘中，掌握利用 Nero 软件制作数据光盘的功能。

2．操作步骤

①启动 Nero Burning ROM 10，弹出"新编辑"对话框。在对话框左上方选择光盘类型，如图 7-47 所示。

图 7-47　光盘类型选择界面

②选择"CD"项，然后单击"启动多重区段光盘"按钮。这里的多重区段分为三个选项，其含义分述如下：

➤ 启动多重区段光盘：在第一次刻盘中把光盘初始化成区段光盘，可以多次向未满的光盘中写入数据，第一次写入一部分数据，下次还可以继续向原光盘中写入数据。

➤ 继续多重区段光盘：第二次向光盘中写入数据时选择此项，这样系统会把原多重区段光盘中的内容以灰色的形式显示出来，并会告之光盘还剩多少空间可供刻录。

➤ 没有多重区段：光盘只能刻一次，不管光盘刻满或未刻满，都不能再次向光盘中写入任何数据。

③选择"刻录"选项，然后在"写入速度"下拉菜单栏中选择实际需要的速度。一般选择"32x"这一档，既安全又保证一定的刻录速度，如图7-48所示。

图7-48 写入速度界面

④单击"新建"按钮，软件会自动弹出界面，这时只需在文件浏览器中找到想刻录的文件，然后直接拖到图中箭头所指的目标区域即可。单击图中上方的"刻录"按钮，就可以开始刻录，如图7-49所示。

7.4.2 案例2——制作音乐光盘

1. 案例

使用Nero软件将歌曲制作成音乐光盘。

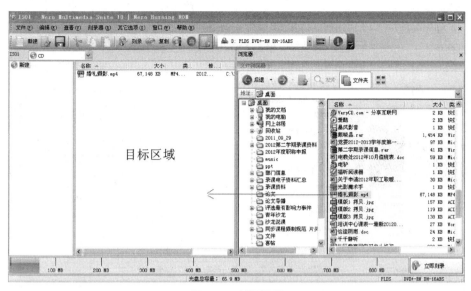

图 7-49　刻录界面

2. 操作步骤

①启动 Nero Burning ROM 10，弹出"新编辑"对话框。在对话框左方选择"音乐光盘"选项，如图 7-50 所示。

图 7-50　音乐光盘选项界面

②选择对话框上方的"音乐光盘"选项，上面有"轨道间无间隔"字样，表示所刻录的音乐之间没有时间间隔。Nero 默认的是有 2 秒时间间隔，如图 7-51 所示。

图 7-51　音乐光盘界面

③单击"新建"按钮，软件自动弹出界面，如图 7-52 所示。

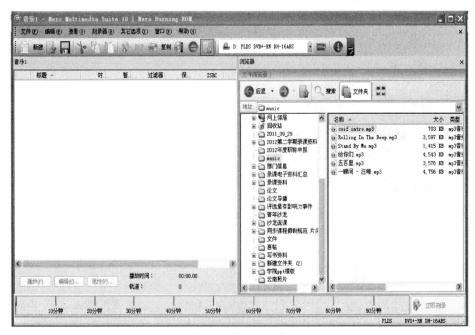

图 7-52　音乐文件选择界面

④把需要刻录的音乐一首一首拖到音乐区域后，软件会自动排序，如图 7-53 所示。

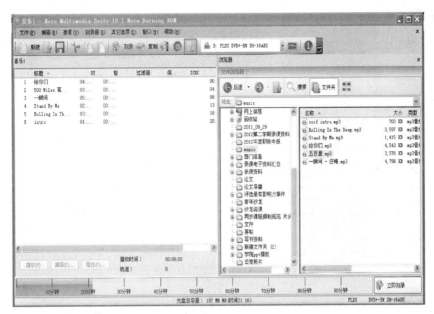

图 7-53　刻录音乐自动排序界面

⑤当需要对其中某段音乐加特殊效果时，可以在其属性里进行设置。右击需要添加效果的歌曲，然后选择"属性"命令，如图 7-54 所示。

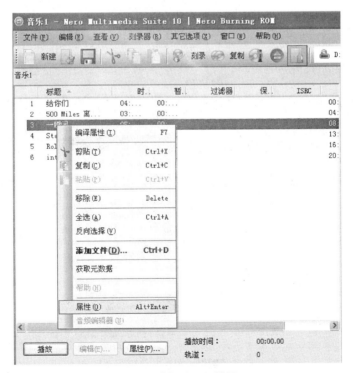

图 7-54　选择编译属性界面

⑥软件自动弹出"音频轨道属性"界面，其中，标题、演唱者以及暂停时间等参数都可以手动修改，如图 7-55 所示。

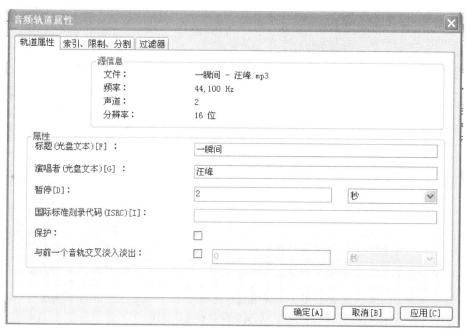

图 7-55 "音频轨道属性"界面

⑦切换到"索引、限制、分割"选项卡还可以对所选定的音乐进行编辑，如设定从什么时候开始、什么时候结束等，如图 7-56 所示。

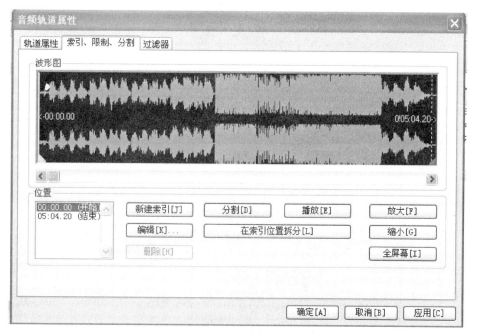

图 7-56 "索引、限制、分割"选项卡

⑧切换到"过滤器"选项卡，可以对所选定的音乐加入一些音频特效，如图 7-57 所示。

⑨单击"确定"按钮后回到主界面，再单击"刻录"按钮，就可以进行刻录了。

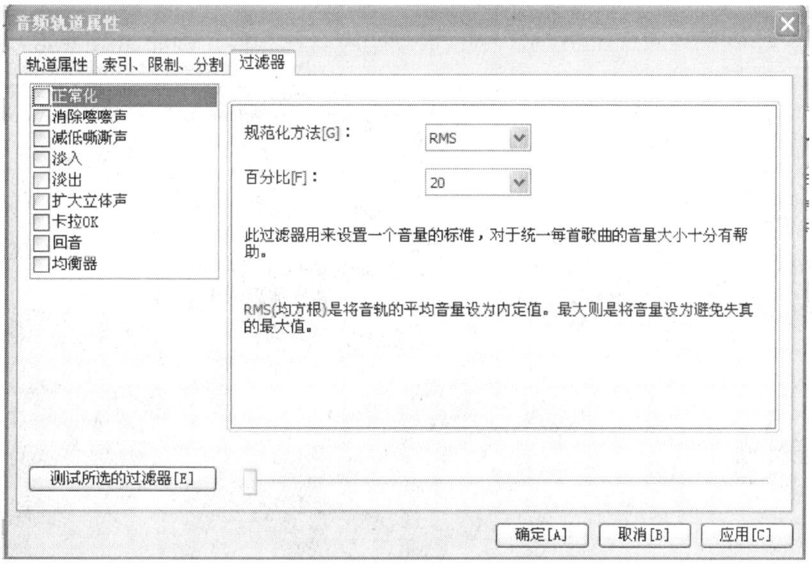

图 7-57　"过滤器"选项卡

在刻录音乐 CD 时，最好把刻录速度放慢点，这样刻出来的 CD 才不容易产生爆音。

7.4.3　上机实训

1. 实训目的

熟练掌握 Nero 光盘刻录软件，使用 Nero 刻录软件制作数据光盘与音乐光盘。

2. 实训内容

①使用 Nero 光盘刻录软件，制作一张数据 DVD 光盘。

②使用 Nero 光盘刻录软件，制作一张音乐光盘。

7.5　会声会影软件

会声会影软件不仅完全符合家庭或个人所需的影片剪辑功能，甚至可以挑战专业级的影片剪辑软件。其创新的影片制作向导模式，只要三个步骤就可快速做出 DV 影片，即使是入门新手，也可以在短时间内体验影片剪辑的乐趣；同时，操作简单、功能强大的会声会影编辑模式，从捕获、剪接、转场、特效、覆叠、字幕、配乐，到刻录，能够全方位剪辑出好莱坞级的家庭电影。

其成批转换功能与捕获格式完整支持，让剪辑影片更快、更有效率；画面特写镜头与对象创意覆叠，可随意做出新奇百变的创意效果；配乐大师与杜比 AC3 支持，让影片配乐更精准、更立体；同时，酷炫的 128 组影片转场、37 组视频滤镜、76 种标题动画等丰富效果，让影片精彩有趣。

7.5.1　案例 1——制作电子相册

1. 案例

使用会声会影软件制作电子相册。

2. 操作步骤

①双击 Corel VideoStudio Pro X4，启动会声会影软件，画面如图 7-58 所示。

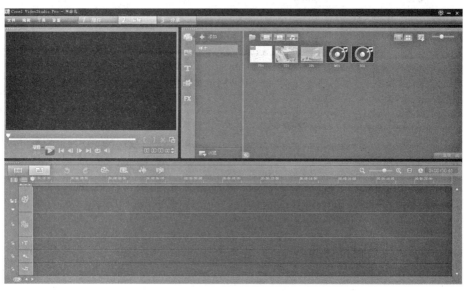

图 7-58　会声会影 X 4 启动画面

② 选择"文件"→"新建项目"，新建一个项目。在编辑状态下，单击右上方"导入媒体"按钮，在弹出的"浏览媒体文件"对话框中，选择三张图像素材加载进来，如图 7-59 所示。

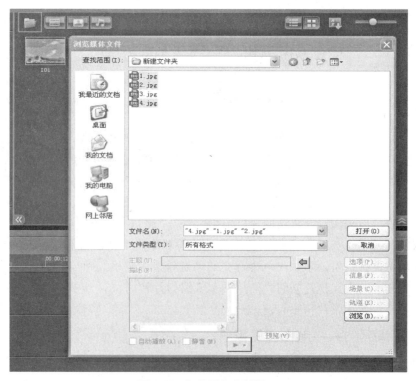

图 7-59　加载图像素材界面

③选中之前载入的三张图片素材，拖拽至视频轨，如图 7-60 所示。

图 7-60　加载图像至视频轨界面

④给相册添加封面：从素材库中拖动一张图像到视频轨的最前面，作为封面，如图 7-61 所示。

图 7-61　添加相册封面界面

⑤给相册添加封底：从素材库中拖动一张图像到视频轨的最后面，作为封底，如图 7-62 所示。

图 7-62 添加相册封底界面

⑥给相册素材添加转场特效。单击"转场"按钮，软件会自动显示转场特效，如图 7-63 所示。

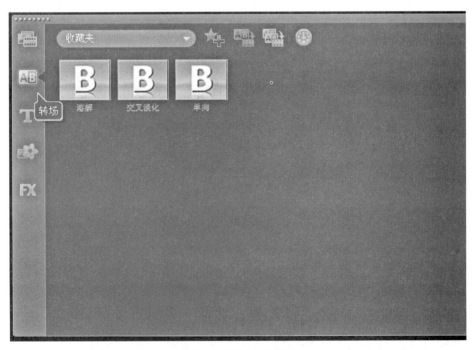

图 7-63 转场特效界面

在两个素材之间分别拖入转场特效。在封面与图像 A 间添加溶解效果，在图像 A

与图像 B 间添加交叉淡化效果，在图像 B 与图像 C 间添加交叉淡化效果，在图像 C 与封底间添加单向效果，如图 7-64 所示。

图 7-64　添加转场效果界面

⑦给相册素材添加滤镜效果。单击"滤镜"按钮，软件会自动显示滤镜特效，如图 7-65 所示。

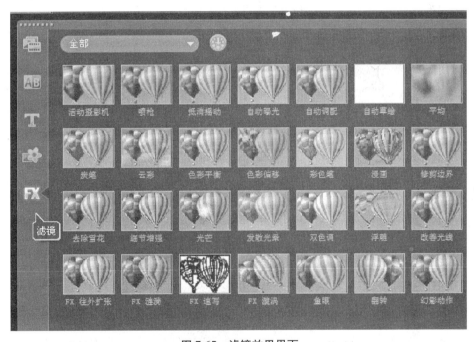

图 7-65　滤镜效果界面

从滤镜效果库中选择需要的效果拖动到封面素材上，这里选择云彩滤镜效果。如果需要更换滤镜，拖动一个新的滤镜到素材上即可，但在"属性"面板中，需要勾选"取代上一个滤镜"复选框，如图 7-66 所示。

⑧给相册添加标题。单击"标题"按钮，软件会自动显示标题页面，如图 7-67 所示。

在标题选项窗口中，选择编辑面板中的"单个标题"，然后在预览窗口添加文字标题"我的相册"，如图 7-68 所示；设置标题的时间与封面的时间一致。在"动画"面板中，选择"应用动画"，给每一个标题添加动画效果，如图 7-69 所示。

图 7-66　替换滤镜效果界面

图 7-67　标题界面

图 7-68　添加标题界面

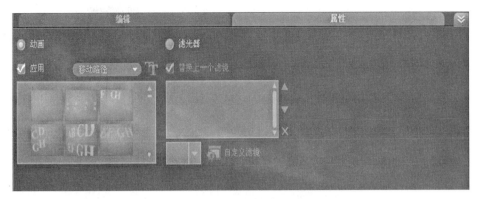

图 7-69 设置标题动画界面

⑨插入音乐到电子相册。单击声音轨，如图 7-70 所示。

图 7-70 声音轨界面

在声音轨上右击，选择"插入音频"→"到音乐轨"命令，如图 7-71 所示。

图 7-71 "插入音频"界面

单击"确定"按钮，将弹出"打开音频文件"对话框。在此选择需要插入的音频文件，如图 7-72 所示。

单击"打开"按钮，音乐自动铺到声音轨上，如图 7-73 所示。

图 7-72　音频选择界面

图 7-73　音乐铺到声音轨界面

⑩导出文件时，单击"分享"，然后选择"创建视频文件"。在下拉菜单中，选择要保存的文件类型为 WMV HD 720 25 p 格式，如图 7-74 所示。

图 7-74　导出文件类型界面

在弹出的保存文件对话框中，输入文件名"电子相册"，然后单击"确定"按钮，文件即进入渲染阶段。渲染结束后，电子相册制作完成，如图 7-75 所示。

图 7-75　保存输出文件界面

7.5.2　案例2——视频剪辑

1. 案例

对视频素材进行剪辑，将视频的声音删除，把视频素材中第 20 秒到 30 秒的视频剪切删除，然后添加背景音乐，最后输出格式为 MPEG2、文件名为"视频练习"的文件。

2. 操作步骤

①将视频素材输入到视频轨，如图 7-76 所示。

图 7-76　插入视频素材

②右击视频素材，在弹出的快捷菜单中选择"分割到音频"命令，此时声音分离到音乐轨。选中声音，按 Del 键删除，如图 7-77 所示。

图 7-77　分割音频

③播放视频，到第 20 秒时按下暂停键，然后单击"剪刀"按钮，如图 7-78 所示。继续播放视频，到第 30 秒时按下暂停键，再次单击"剪刀"按钮。

图 7-78　剪切视频

④右击剪切下来的中间一段视频，在弹出的快捷菜单中选择"删除"命令。

⑤插入背景音乐。

⑥导出视频，然后选择"分享"菜单，再选择"创建视频文件"→"DVD"→"MPEG2"命令，如图 7-79 所示。

图 7-79　创建视频文件

7.5.3 上机实训

1. 实训目的

掌握使用会声会影软件制作电子相册，以及对视频进行剪辑合成的操作技巧。

2. 实训内容

①将素材中的 10 张照片制作成电子相册。要求：标题为"中国美景"，每张图片显示 5 秒，图片之间有转场，图片加字幕进行说明，插入背景音乐，输出为 WMV 格式。

②将素材中的视频 1 和视频 2 进行合成，视频 1 剪辑为 35 秒，视频 2 剪辑为 15 秒，删除素材中的声音，添加背景音乐，添加转场效果，添加标题"大海"，输出文件设为 MPEG2 格式。

参考文献

［1］彭爱华，刘晖 . Windows 7 使用详解（修订版）. 北京：人民邮电出版社，2012

［2］卞诚君，常京丽 . 电脑办公 Windows 7＋Office 2010 完全学习手册 . 北京：清华大学出版社，2012

［3］骆剑锋 . Office 2010 完全应用 . 北京：清华大学出版社，2012